Ernst Probst

Die Mittelsteinzeit

in Thüringen, Sachsen-Anhalt, Sachsen und im südlichen Brandenburg

Die letzten Jäger und Sammler
vor den ersten Bauern

Widmung

Allen Prähistorikern und Prähistorikerinnen gewidmet,
die mich bei meinen Büchern über die Steinzeit
unterstützt haben

Impressum:
Die Mittelsteinzeit in Thüringen, Sachsen-Anhalt.
Sachsen und im südlichen Brandenburg
1. Auflage als Printbuch: März 2021
Autor: Ernst Probst
Im See 11, 55246 Mainz-Kostheim
Telefon: 06134/21152
E-Mail: ernst.probst (at) gmx.de
Herstellung: Amazon Distribution GmbH, Leipzig
Alle Rechte vorbehalten
ISBN: 979-8-717-74503-1

Vorwort

Die um 7.000 v. Chr. zusammen mit einem Kleinkind bestattete „Schamanin von Bad Dürrenberg" in Sachsen-Anhalt war zu Lebzeiten etwas Besonderes. Wegen anatomischer Anomalien konnte sie sich durch Drehen ihres Kopfes in Trance versetzen und in jenem Dämmerzustand angeblich mit Ahnen und Geistern sprechen. Nachzulesen ist dies in dem Taschenbuch „Die Mittelsteinzeit in Thüringen, Sachsen-Anhalt, Sachsen und im südlichen Brandenburg. In diesem Abschnitt der Menschheitsgeschichte folgte um 9.600 v Chr. auf die letzte Kaltzeit des Eiszeitalters eine bis heute während Warmzeit. Aus ehemaligen Tundrajägern, die Rentiere und Wildpferde erlegten, wurden nun Waldläufer, die Hirsche und Wildschweine jagten sowie Fische fingen. Um 5.500 v. Chr. begegneten die mittelsteinzeitlichen Jäger und Sammler erstmals eingewanderten jungsteinzeitlichen Bauern, von denen sie später Ackerbau, Viehzucht und Töpferei übernahmen.

Jäger der Mittelsteinzeit mit Hund.
Zeichnung von Fritz Wendler (1941–1995)
für das Buch „Deutschland in der Steinzeit" (1991)
von Ernst Probst

Inhalt

Schwedischer Geologe und Polarforscher
Otto Martin Torell (1828–1900) aus Lund.
Bild: Riksantikvarieämbetet
och Statens Historiska Museer, Stockholm

Die Mittelsteinzeit
in Thüringen, Sachsen-Anhalt, Sachsen
und im südlichen Brandenburg

Die Mittelsteinzeit, wissenschaftlich als Mesolithikum bezeichnet, begann laut dem Buch „Deutschland in der Steinzeit" (1991) vor etwa 10.000 Jahren, also um 8.000 v. Chr., und endete um 5.000 v. Chr. Im Online-Lexikon „Wikipedia" dagegen wird heute der Anfang der Mittelsteinzeit auf 9.600 v. Chr. und deren Ende im westlichen Mitteleuropa auf 5.800 v. Chr., im mittleren Mitteleuropa auf 5.500 v. Chr. und im nördlichen Mitteleuropa auf 4.300 v. Chr. datiert. Der zeitliche Unterschied beim Anfang der Mittelsteinzeit beruht darauf, dass man jetzt die Nacheiszeit (auch Heutzeit, Holozän oder Postglazial genannt) 1.600 Jahre früher beginnen lässt. Den Begriff Mittelsteinzeit (Mesolithikum) hat 1874 der schwedische Geologe und Polarforscher Otto Martin Torell (1828–1900) aus Lund auf dem Internationalen Kongress für Archäologie und Anthropologie in Stockholm erstmals vorgeschlagen. Dieser aus den altgriechischen Wörtern mesos (mitten) und lithos (Stein) zusammengesetzte Name setzte sich allmählich durch. Daneben ist vor allem im romanischen Sprachbereich die Bezeichnung Epipaläolithikum (Nachpaläolithikum) gebräuchlich. In Thüringen, Sachsen-Anhalt, Sachsen und im südlichen Brandenburg war die Mittelsteinzeit um etwa 700 Jahre kürzer als in Mecklenburg und im nördlichen Brandenburg. Denn in den eingangs erwähnten Gebieten trafen die jungsteinzeitlichen Bauern der Linienbandkeramischen Kultur bereits um 5.500 v. Chr. ein.

Bauern und Häuser zur Zeit
der Linienbandkeramischen Kultur (etwa 5.500 bis 4.900 v. Chr.).
Von Rindern gezogene Pflüge gab es erst viel später.
Zeichnung von Gerhard Beuthner (1867–nach 1935),
veröffentlicht in dem Erdal-Bilderbuch
„Aus Deutschlands Vorzeit" (1937)
von Erich Lissner (1902–1980)

Erdal-Bilderreihe Nr. 116 Bild 1

Bau eines Großsteingrabes
zur Zeit der Trichterbecher-Kultur
(etwa 4.300 bis 2.800 v,. Chr.)
Zeichnung von Gerhard Beuthner (1867–nach 1935),
veröffentlicht in dem Erdal-Bilderbuch
„Aus Deutschlands Vorzeit" (1937)
von Erich Lissner (1902–1980)

Der Pariser Zoologe Paul Gervais (1816–1879)
prägte um 1867 den Begriff Holozän.
Porträt aus „Popular Science Monthly", Volume 31, 1887
(via Wikimedia Commons),
Lizenz: gemeinfrei (Public domain)

Die letzten mittelsteinzeitlichen Jäger, Fischer und Sammler im südlichen Mitteldeutschland haben spätestens um 5.000 Chr. die mit Ackerbau, Viehzucht und Töpferei verbundene Lebensweise der eingewanderten Bauern übernommen. Nördlich davon setzte sich diese Lebensweise dagegen erst nach dem Erscheinen der Trichterbecher-Kultur ab etwa 4.300 v. Chr. durch.

Das Mesolithikum in Thüringen, Sachsen-Anhalt, Sachsen und in Teilen Brandenburgs wird in die ältere Mittelsteinzeit ohne trapezförmige Pfeilspitzen und die jüngere Mittelsteinzeit geteilt, in der solche Trapeze vorkommen. Diesen beiden Abschnitten werden keine bestimmten Kulturstufen oder Gruppen zugeordnet.

Wenn man in Thüringen, Sachsen-Anhalt, Sachsen und im südlichen Brandenburg von einer Dauer der Mittelsteinzeit von etwa 9.600 bis 5.500 v. Chr. ausgeht, fallen in diese folgende Abschnitte der Heutzeit (Holozän[1]): Vorwärmezeit (Präboreal[2]) vor etwa 9.610 bis 8.690 v. Chr., Frühe Wärmezeit (Boreal[3]) vor etwa 8.690 bis 7.270 v. Chr. und Mittlere Wärmezeit (Atlantikum[4]) vor etwa 7.270 bis 3.710 v. Chr. Im Präboreal war der Sommer ähnlich warm wie heute und der Winter noch sehr kalt. Im Boreal war der Sommer generell wärmer als heute und der niederschlagsarme Winter meist mild. Das Atlantikum gilt als wärmste Epoche. Die Winter waren sehr milde und sehr niederschlagsreich.

Ab etwa 9.600 v. Chr. stiegen stetig die Temperaturen an. Auf die letzte Kaltzeit des Eiszeitalters folgte eine bis heute dauernde Warmzeit. Die offenen Landschaften der Eiszeit und mit ihr die großen Rentier- und Wildpferdherden verschwanden. Aus ehemaligen menschlichen Tundrajägern wurden Waldläufer und Fischer.

Von den Menschen aus der älteren Mittelsteinzeit kennt man

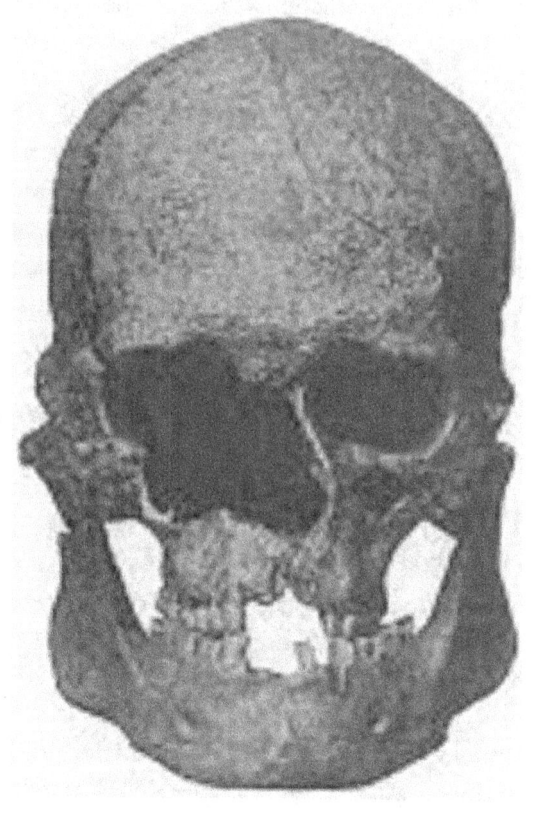

Oberschädelfund von 1939 aus der Mittelsteinzeit
von Bottendorf (Kyffhäuserkreis) in Thüringen,
ergänzt durch einen Unterkieferfund von 1914 aus der Altsteinzeit
von Oberkassel bei Bonn in Nordrhein-Westfalen.
Foto aus Gerhard Heberer / Friedrich-Karl Bicker:
Der mesolithische Fund von Bottendorf a. d. Unstrut.
Anthropologischer Anzeiger, Jahrgang 17, Heft 3/4,
Stuttgart 1940

nur aus Bottendorf (Kyffhäuserkreis) in Thüringen aussagekräftige Skelettreste. Die Fundgeschichte der Gräber in Bottendorf begann am 14. März 1939 mit der Entdeckung eines
menschlichen Skeletts durch den Arbeitsdienst. Am Tag darauf
barg der Prähistoriker Friedrich Karl Bicker (1908–1967) aus
Halle/Saale dieses von einem 20 bis 40 Jahre alten Mann stammende Skelett. Es wird in der Fachliteratur als Bottendorf I
erwähnt. Eine 35 bis 45 Jahre alte Frau (Bottendorf II/1) und
ein sieben bis acht Jahre altes Kind (Bottendorf II/2) wurden
am 22. und 25. April 1939 entdeckt. Außerdem kamen Reste
bronzezeitlicher Menschen zum Vorschein.
Die drei mittelsteinzeitlichen Toten von Bottendorf wurden
mitten in der Siedlung bestattet. Vielleicht ist dies ein Hinweis
dafür, dass man jenen Menschen auch nach dem Tode noch
nahe sein wollte. Das am 15. März 1939 in Bottendorf geborgene Männerskelett wurde als „sitzender Hocker" vorgefunden, wodurch vielleicht die Vorstellung vom „Lebenden
Leichnam" zum Ausdruck kommt. Dieser Fund war ebenso
wie die beiden übrigen sitzenden mittelsteinzeitlichen Skelette
von Bottendorf mit Rötel als der Farbe des Lebens oder
zumindest der Festlichkeit bedeckt. Der Prähistoriker Bicker
verkannte 1940 die drei bei Bottendorf bestatteten Menschen
als Vorläufer der nordischen Rasse.
Aus der jüngeren Mittelsteinzeit liegen aus Brandenburg (Berlin-Schmöckwitz, bei Königs Wusterhausen) und Sachsen--
Anhalt (Bad Dürrenberg) menschliche Skelettreste vor. Weitere
Bestattungen aus der Mittelsteinzeit sind von Schöpsdorf (Kreis
Bautzen) in Sachsen und Unseburg (Salzlandkreis) in Sachsen-
Anhalt bekannt. Letztere können nur allgemein der Mittelsteinzeit zugeordnet werden. Ein Teil dieser Funde zeigt, wie groß
die Menschen aus dieser Zeit waren und unter welchen Krank-
heiten sie gelitten haben.

Etwa 1,5 Kilometer südlich von Unseburg (Salzlandkreis)
– hier ein Luftbild von 2019 –
wurde im Juli 1954 das Skelett
einer mehr als 50jährigen Frau aus der Mittelsteinzeit entdeckt.
Foto: Wolkenkratzer / CC BY-SA 4.0 (via Wikimedia Commons),
lizensiert unter Creative-Commons-Lizenz by-sa-4.0,
https://creativecommons.org/licenses/by-sa/4.0/legalcode

In Berlin-Schmöckwitz stieß 1925 der Oberstudiendirektor Karl Hohmann (1886–1969) aus Eichwalde bei Berlin nahe der Dahme auf drei Bestattungen. Bei einer davon handelte es sich um einen 1,55 bis 1,60 Meter großen Mann mit bemerkenswert großem Schädel. Von Karl Hohmann wurde 1956 auch der Bericht über eine mittelsteinzeitliche Bestattung veröffentlicht, die 1955 in Kolberg am Wolziger See (Kreis Dahme-Spreewald) entdeckt worden war. Dort hatte man eine etwa 20 bis 25 Jahre alte Frau mit einer Körpergröße von 1,42 Meter begraben. In Dürrenberg (seit 1935 Bad Dürrenberg) kamen am 4. Mai 1934 bei Kanalisationsarbeiten mitten im Kurpark die Skelettreste einer Frau und eines Kleinkindes im Alter von einem halben bis einem Jahr zum Vorschein. Sie wurden in großer Eile durch den Restaurator Wilhelm Henning aus Halle/Saale geborgen, da der Kurpark bereits am nächsten Tag eingeweiht werden sollte. Die Frau war fast 1,60 Meter groß.

Nach der Bestattungssitte gehört auch ein 1930 auf dem Schafberg bei Niederkaina[5] (Kreis Bautzen) in Sachsen entdecktes Grab in die späte Mittelsteinzeit. In dem dortigen Sandboden waren die Knochen jedoch schon verwest. Auch in den 1983 aufgespürten fünf Gräbern von Schöpsdorf[6] (Kreis Bautzen) hatten sich die Skelettreste bis auf winzige Zahnschmelzpartikel im Sandboden bereits aufgelöst. Dass es sich um mittelsteinzeitliche Bestattungen handelte, zeigten die Rötelverfärbungen und Feuersteingeräte.

Teilweise erhalten ist dagegen das Skelett einer mehr als 50-jährigen Frau, das im Juli 1984 auf dem Weinberg, etwa 1,5 Kilometer südlich von Unseburg (Salzlandkreis), am linken, östlichen Bodeufer gefunden wurde. Diese Bestattung kam bei Grabungen des Landesmuseums für Vorgeschichte in Halle/Saale zum Vorschein, an der sich auch andere Helfer beteiligten. Die Frau ruhte auf der linken Seite mit zum Körper hin

Das Landesmuseum für Vorgeschichte in Halle/Saale
nahm im Juli 1984 auf dem Weinberg,
etwa 1,5 Kilometer südlich von Unseburg (Salzlandkreis)
in Sachsen-Anhalt, eine Grabung vor.
Dabei entdeckte man das Skelett
einer mehr als 50jährigen Frau aus der Mittelsteinzeit.
Foto: Bundesarchiv, Bild 183-1991-0319/CC-BY-SA-3.0 /
Foto von Friedrich Gahlbeck im März 1991
(via Wikimedia Commons),
lizensiert unter Creative-Commons-Lizenz by-sa-3.0,
https://creativecommons.org/licenses/by-sa/3.0/de/legalcode

Detailaufnahme des Türsturzes am Haupteingang
des Landesmuseums für Vorgeschichte in Halle/Saale.
Foto: WMela / CC BY-SA 3.0 (via Wikimedia Commons),
lizensiert unter Creative-Commons-Lizenz by-sa-3.0,
https://creativecommons.org/licenses/by-sa/3.0/legalcode

*Rekonstruktion eines Jägerlagers aus der Mittelsteinzeit
im Irish National Heritage Park
in Ferrycarrig nordwestlich von Wexford (Irland).
Foto: David Hawgood / Hunter gatherer's camp
at Irish National Heritage Park / CC BY-SA 2.0
(via Wikimedia Commons),
lizensiert unter Creative-Commons-Lizenz by-sa-2.0.
https://creativecommons.org/licenses/by-sa/2.0/legalcode*

Nachbau einer Hütte aus der Mittelsteinzeit um 8.000 v. Chr.
im archäologischen Themenpark „Archeon"
in Alphen aan den Rijn (Niederlande).
Foto: Marc Strauch (via Wikimedia Commons),
Lizenz: gemeinfrei (Public domain)

angezogenen Knien. Ihre Grabbeigaben – Feuersteinabschläge und zwei Dreiecksmikrolithen aus Feuerstein – ließen erkennen, dass sie in der Mittelsteinzeit gelebt hatte. Sie war 1,57 Meter groß. Offenbar hat ihr Leichnam nach der Niederlegung einige Zeit in der offenen Grabgrube gelegen und war dabei Tierfraß ausgesetzt gewesen. Denn einige Knochen fehlen. Nämlich das rechte Schulterblatt, der rechte Oberarm, der linke Unterarm, beide Wadenbeine und Füße.

Die beiden Schneidezähne im Oberkiefer der in Bad Dürrenberg begrabenen Frau waren extrem bis zur Zahnmarkhöhle abgekaut. Deshalb hatten beim Zubeißen nur noch die Backenzähne einen Kontakt. An den Wurzelspitzen der offen liegenden Schneidezähne entstanden chronische eitrige Entzündungen, die vielleicht lebensbedrohlich wurden, als sie auf innere Organe übergriffen. Derartige fortwuchernde Vereiterungen können zu Blutvergiftungen führen und tödlich enden.

Auch bei der unweit von Unseburg entdeckten Frau waren sämtliche noch im Gebiss erhaltenen Zähne stark abgenutzt. Außerdem litt sie unter Infektionen des Wurzelkanals an drei Zähnen und hatte Zahnstein. An Gelenkflächen des linken Schulter-, rechten Ellenbogen- und Kniegelenks wurden Anzeichen von Arthrosis deformans beobachtet, bei denen es sich um Verschleißerscheinungen gehandelt haben dürfte.

In den Siedlungen aus der älteren und jüngeren Mittelsteinzeit in Thüringen, Sachsen-Anhalt, Sachsen und im südlichen Brandenburg zeugen häufig nur noch auffällige Konzentrationen von Steingeräten von den einstigen Bewohnern. Eine solche Siedlungsstelle aus der älteren Mittelsteinzeit kennt man etwa in Gerwisch[7] (Kreis Jerichower Land) im Magdeburger Raum, also in Sachsen-Anhalt. Die Lagerplätze befanden sich meist im Freiland, wo die Jäger und Sammler Zelte oder Hütten errichteten. In höhlenreichen Gebieten dürften damals auch Höhlen kurzfristig als Unterschlupf gedient haben.

Als Skandinaviens ältestes Haus gilt das zwischen 1987 und 1989 an einer Lagune der ehemaligen Ostsee-Küstenlinie entdeckte etwa 8.500 Jahre alte Tingby-Haus in Schweden. Das zweischiffige rechteckige Holzhaus war 8,80 Meter lang und 3,50 Meter breit. In seiner Nähe befand sich eine halbmondförmige Steinsetzung mit einer Öffnung nach Nordosten. Dabei handelt es sich wohl um Überreste einer offenen Hütte. Eine Rekonstruktion des Tingby-Hauses steht nahe der Fundstelle auf dem Gelände einer Außenstelle des „Kalmar läns museum" in Kalmar (Schweden).

Die Werkzeuge und Waffen wurden aus Stein, Holz, Knochen und Geweih angefertigt. Für die Feuersteingeräte aus der älteren Mittelsteinzeit sind in Thüringen, Sachsen-Anhalt, Sachsen und im südlichen Brandenburg die nach einem holländischen Fundort benannten Zonhoven-Spitzen typisch. Sie dienten als Pfeilspitzen. Dagegen fehlten in diesem Abschnitt trapezförmige Pfeilspitzen, die als Kennzeichen der jüngeren Mittelsteinzeit gelten. Die steinernen Pfeilspitzen befestigte man mit Hilfe von Birkenpech und aus Baumbast hergestellten Schnüren an Holzschäften. Letzte Unebenheiten an Pfeilschäften wurden durch Reiben auf grobkörnigen Sandsteinen abgeschmirgelt. Solche Pfeilschaftglätter hat man in verschiedenen mittelsteinzeitlichen Kulturstufen gefunden. Aus Knochen wurden Angelhaken, Meißel und Nadeln geschnitzt. Geweihteile benutzte man als Druckstäbe für die Bearbeitung von Kleinstgeräten (Mikrolithen) wie den erwähnten Pfeilspitzen. Aus Hirschgeweih fertigte man zudem Lochstäbe an, mit denen man Geweihspäne über Wasserdampf geradebiegen konnte. Der von gezähmten Wölfen abstammende Hund blieb in der Mittelsteinzeit in Europa das einzige Haustier. Skelettreste von

Kulturhistorisches Museum Magdeburg.
Foto: Eddy1988 (via Wikimedia Commons),
Lizenz: gemeinfrei (Public domain)

Fotos auf Seite 23:
Oben: Feuersteingeräte von Niederndodeleben, Barby, Gerwisch
und Biederitz.
Unten: Kernbeile von Groß-Ammensleben und Kalbe an der Milde.
Originale im Kulturhistorischen Museum Magdeburg.
Fotos: Alfred Bogen (1885–1944)

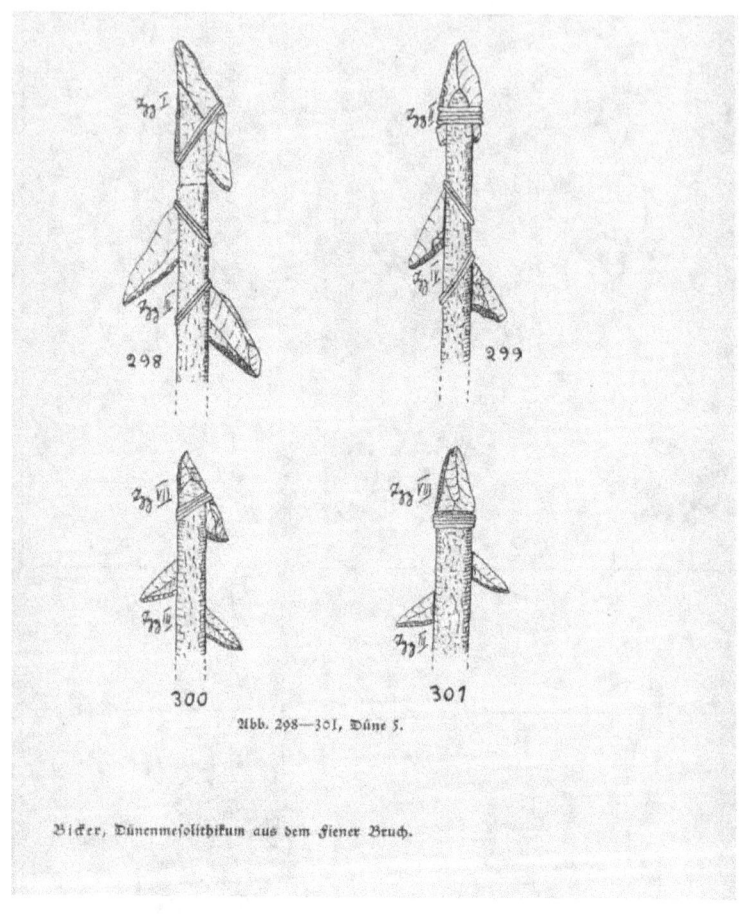

Rekonstruktion mittelsteinzeitlicher Pfeile.
Zeichnung aus Friedrich-Karl Bicker:
Dünenmesolithikum aus dem Fiener Bruch,
Jahresschrift für die Vorgeschichte der sächsisch-thüringischen Länder,
Band 22, Tafel LI, Halle/Saale 1934.

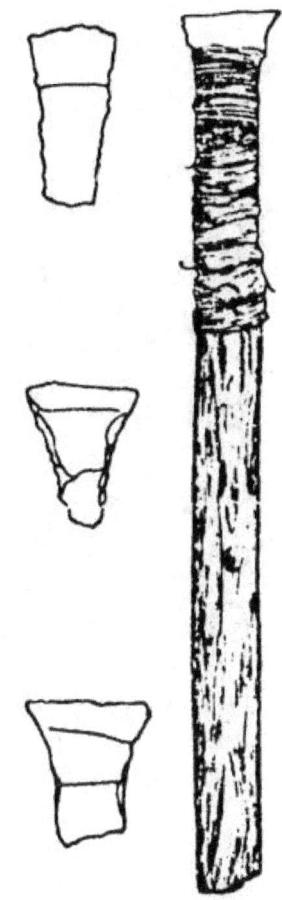

Mittelsteinzeitliche Pfeilspitze (Querschneider)
von Tværmose (Dänemark).
Zeichnung aus einer Publikation
des englischen Prähistorikers John Grahame Clark (1907–1995)
von 1936

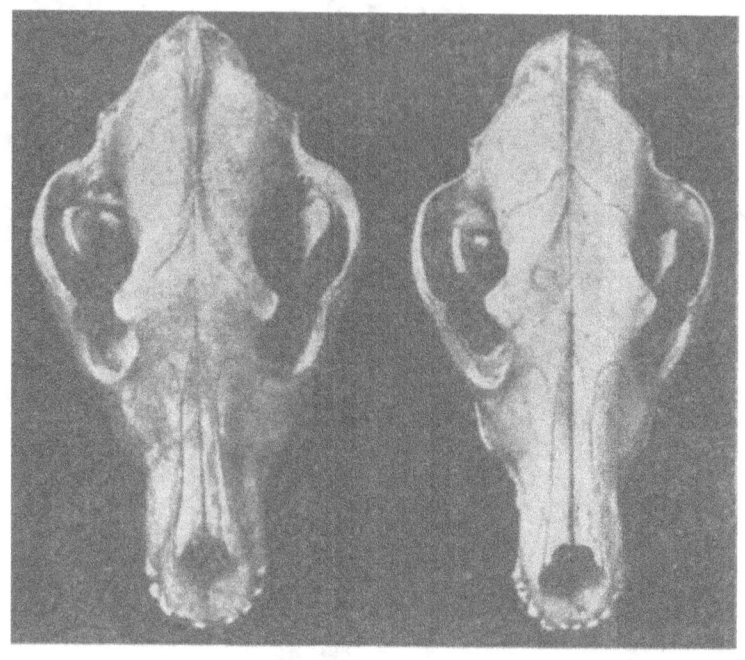

*Senckenberghund (links) aus der frühen Mittelsteinzeit
und Dingo aus dem heutigen Australien (rechts).
Foto aus „Natur und Museum" (1936)*

Hunden aus dieser Periode wurden in England (Star Carr), an mehreren Orten in Deutschland (Euerwanger Bühl in Bayern, Senckenberg-Moor in Frankfurt am Main in Hessen, Erfttal bei Bedburg in Nordrhein-Westfalen, Abri I am Bettenroder Berg in Niedersachsen, Hohen Viecheln und Tribsees in Mecklenburg) und Dänemark (Maglemose) entdeckt. Fischfang wird in Brandenburg durch etliche Funde belegt. Der Potsdamer Prähistoriker Bernhard Gramsch erwähnte bereits 1973 insgesamt 38 Angelhaken aus organischem Material aus dem Havelland westlich von Berlin. Einen Angelhaken aus Knochen entdeckte man in Kleinlieskow im Braunkohlentagebau Cottbus. In Friesack 4 (Kreis Havelland) glückte der Fund eines Fischernetzes aus Bast.

Belege für mittelsteinzeitliche Schifffahrt auf Gewässern in Thüringen, Sachsen-Anhalt, Sachsen und im südlichen Brandenburg liegen bisher nicht vor. Als eindrucksvollstes Belegstück für Schifffahrt zu jener Zeit gilt der im August 1955 entdeckte, fast 3 Meter lange und nahezu 45 Zentimeter breite sowie ungefähr 30 Zentimeter hohe Einbaum aus einem Moor bei Pesse in der holländischen Provinz Drenthe. Eine radiometrische Altersdatierung ergab, dass dieser Einbaum um 6.315 v. Chr. hergestellt worden ist. Vielleicht wurde jenes Wasserfahrzeug beim Fischfang und Aufsuchen von Muschelbänken benutzt. In Norddeutschland hat man Paddel aus der Mittelsteinzeit in Duvensee (Kreis Herzogtum Lauenburg) und in Gettorf (Kreis Rendsburg-Eckernförde) entdeckt, in Ostdeutschland in Friesack 4 (Kreis Havelland). Je ein Paddel konnte auch in Holmegård auf Seeland (Dänemark) sowie in Star Carr (England) geborgen werden.

Auf Musik und Tanz in der Mittelsteinzeit weisen einige Funde aus Deutschland hin. Ein außen teilweise beschnittenes, längsdurchlochtes Zweigfragment mit zungenartigem Ende aus

Einbaum von Pesse, Provinz Drenthe (Niederlande),
im August 1955 bei Bauarbeiten zur Autobahn Rijksweg 28
im kleinen Moor Blikkenveen entdeckt.
Foto: Drenthe-Museum / CC BY 3.0 (via Wikimedia Commons),
lizensiert unter Creative-Commons-Lizenz by-3.0,
https://creativecommons.org/licenses/by/3.0/legalcode

Mittelsteinzeitliches Paddel von Duvensee
(Kreis Herzogtum Lauenburg) in Schleswig-Holstein.
Foto: Archäologisches Museum Hamburg / CC BY-SA 3.0
(via Wikimedia Commons),
lizensiert unter Creative-Commons-Lizenz by-sa-3.0,
https://creativecommons.org/licenses/by-sa/3.0/de/legalcode

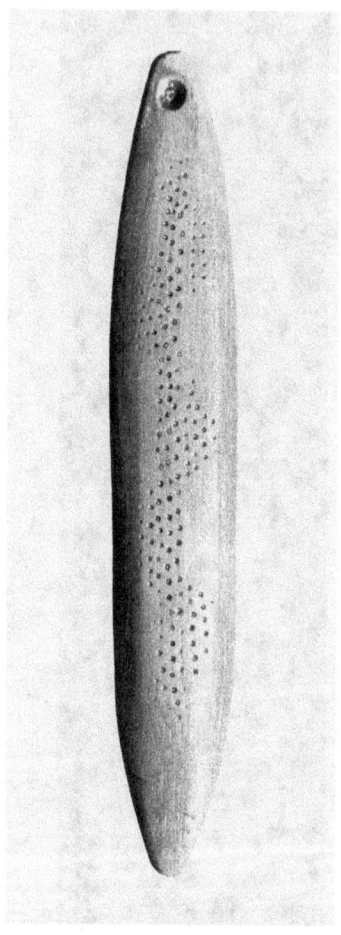

Musikinstrument aus der Mittelsteinzeit:
knöchernes Schwirrgerät von Pritzerbe,
Ortsteil der Stadt Havelsee (Kreis Potsdam-Mittelmark)
in Brandenburg.
Länge 12,8 Zentimeter.
Foto: Museum für Ur- und Frühgeschichte Potsdam

Friesack 4 (Kreis Havelland) in Brandenburg lässt sich als Flöte deuten. Aus Pritzerbe, einem Ortsteil der Stadt Havelsee (Kreis Potsdam-Mittelmark) in Brandenburg, ist ein 12,8 Zentimeter langes knöchernes Schwirrgerät bekannt. Mit einem solchen Gerät konnte man einen wechselnden hohen und tiefen Summton erzeugen, wenn man es an einem Riemen hängend rasch kreisen ließ. Einige von Menschenhand bearbeitete Stücke aus dem Holz von Haselnusssträuchern aus Hohen Viecheln (Kreis Nordwestmecklenburg) in Mecklenburg gelten als Pfeifen – allerdings nur zum Anlocken von Vögeln bei der Jagd. Tanz ist durch die Gravierung eines Tänzers auf einer Geweihaxt aus der Eckernförder Bucht (Kreis Rendsburg-Eckernförde) in Schleswig-Holstein belegt.

Vom Kunstsinn der Menschen in der Mittelsteinzeit zeugen mit geometrischen Motiven verzierte Gegenstände des Alltags wie etwa Geräte aus Hirschgeweih. Im Sommer 2011 kam bei einer Ausgrabung unter Leitung des Prähistorikers Klaus Gerken bei Bierden (Kreis Verden) in Niedersachsen die bisher älteste Frauendarstellung in Norddeutschland zum Vorschein. Die Fundstelle liegt etwa 1,6 Kilometer vom heutigen Flusslauf der Weser entfernt auf einem Schwemmsandrücken. Diese erhöhte Stelle diente Jägern und Sammlern in der frühen Mittelsteinzeit als Lagerplatz. Bei dem Kunstwerk handelt es sich um die eingravierte Darstellung eines Frauenkörpers auf einem 5 mal 7 Zentimeter großen Sandstein. Der als Retuscheur verwendete Stein weist Ritz-, Schliff- und Politurspuren auf. Man hat ihn zum Abschlagen von Kanten anderer Steingeräte und zum Glätten weicher Materialien verwendet. Nach der Gravur wurde er seltener zur Bearbeitung von Steinmaterial genutzt. Wegen der Fundsituation datiert man den Retuscheur in die frühe Mittelsteinzeit um 9.000 v. Chr.

Die Gravur stellt mit zwei Ritzlinien vielleicht die Beinpartie

Venus von Bierden (Kreis Verden) in Niedersachsen
in der Ausstellung „Bewegte Zeiten. Archäologie in Deutschland"
in Berlin. Größe des Sandsteins 5 mal 7 Zentimeter.
Foto: Henning Haßmann / CC BY-SA 3.0
(via Wikimedia Commons),
lizensiert unter Creative-Commons-Lizenz by-sa-3.0,
https://creativecommons.org/licenses/by-sa/3.0/legalcode

und den Körper einer nackten Frau dar. Auf den ersten Blick wirken die Ritzlinien wie eine Frontalansicht auf eine Frau. Wie bei Frauendarstellungen aus der Altsteinzeit sind weder der Kopf noch die Füße zu sehen. Zwischen den Beinen deutet eine Kerbe den Schambereich an. In der Gegend des Bauchnabels ist eine kleine Mulde erkennbar, die entweder absichtlich geschaffen wurde oder nur unabsichtlich entstand. Nach einer anderen Deutung stellt die stärker gebogene Linie rechts die Seitenansicht einer Frau mit üppigem Gesäß dar. Gesäßbetonte Darstellungen sind in der Alt- und Jungsteinzeit keine Seltenheit. Womöglich zeigt die stärker ausgeprägte Linie in der Seitenansicht den Bauch einer schwangeren Frau.

Der Sandstein mit der Frauengravur befand sich unter Feuersteingeräten, die technologisch und typologisch zwischen Inventaren der Federmesser-Gruppen (etwa 12.000 bis 10.800 v. Chr.) und des Frühmesolithikums (ab 9.600 v. Chr.) stehen. Datierungen von Holzkohleresten mit der Radiokarbonmethode ergaben ein Alter zwischen etwa 9.200 und 8.800 v. Chr. Laut Online-Lexikon „Wikipedia" ist die Nutzung des Retuscheurs im frühen Mesolithikum belegt. Ähnliche Frauendarstellungen kennt man aus der Zeit der nach einem französischen Fundort benannten Kulturstufe Magdalénien (etwa 18.000 bis 12.000 v. Chr.) auch aus Deutschland.

Im Vergleich mit den altsteinzeitlichen Gravierungen auf Steinplatten von Gönnersdorf in Rheinland-Pfalz wirken die mittelsteinzeitlichen Kunstwerke armselig. In Gönnersdorf, einem Ortsteil des Stadtteils Feldkirchen der Stadt Neuwied in Rheinland-Pfalz, haben die einstigen Bewohner einer Siedlung vor rund 15.500 Jahren etwa 200 Darstellungen von Tieren und rund 400 von Frauen in grauschwarzen Schieferplatten eingraviert, die in den Behausungen als Fußboden dienten. Unter den Tierdarstellungen überwiegen vor allem Wildpferde

*Schieferplatte von Gönnersdorf in Rheinland-Pfalz
mit Frauendarstellungen (Venusdarstellungen)
aus der Altsteinzeit vor etwa 15.500 Jahren.
Foto: Regina Hecht (via Wikimedia Commons),
Lizenz: GNU Free Documentation License, Version 1.2*

(74 Motive) und Mammute (61 Motive). Wesentlich seltener wurden Fellnashörner und Hirsche abgebildet. Nur je einmal sind Elch (oder Saiga-Antilope), Auerochse, Wisent, Wolf und Höhlenlöwe (ohne Kopf) dargestellt. Andere Motive zeigen Fische, Vögel (Wasservögel), Schneehuhn, Kolkrabe und Robben. All diese Tiergravierungen wirken sehr realistisch. Die größte von ihnen ist ein 50 Zentimeter erreichendes Wildpferd. Frauen sind in strenger Profilansicht mit nur einem Arm und einer Brust sowie mit auffällig betontem Gesäß abgebildet. Der Kopf ist niemals zu sehen. Auch die Füße fehlen fast immer. Die jungen Mädchen oder Frauen befinden sich in der Halbhocke oder sogar im Sprung. Nicht selten sind die Frauenfiguren hintereinander aufgereiht. Oder man kann zwei einander zugewandte Frauen erkennen. Es gibt bisher keine Erklärung dafür, weshalb man in Gönnersdorf so viele Frauen – und fast keine Männer – in die Schieferplatten eingravierte.

Die Art und Weise, wie damals Verstorbene bestattet wurden, erlaubt einen kleinen Einblick in die religiöse Gedankenwelt der mittelsteinzeitlichen Jäger, Sammler und Fischer. Zu mancherlei abenteuerlichen Spekulationen geben vor allem drei Bestattungen aus der späten Mittelsteinzeit von Berlin-Schmöckwitz Anlass. Denn dort sind alle Leichen mit scharfkantigen Feuersteinwerkzeugen zerstückelt worden, vermutlich aus Furcht vor Wiederkehr der Toten. Angesichts einer solchen Prozedur dürfte es sich bei diesen Menschen wohl kaum um liebe Verwandte oder geschätzte Sippenmitglieder gehandelt haben. Allerdings hatte man auch diese Toten mit Rötel überschüttet. Die Skelettreste wurden in ovalen Mulden gefunden. Weniger makaber ging die Bestattung einer jungen Frau in Kolberg am Wolziger See vonstatten. Sie wurde als „sitzender Hocker" zur letzten Ruhe gebettet und erhielt als Beigabe einen Hauer vom Wildschwein mit ins Grab.

Kurpark von Bad Dürrenberg in Sachsen-Anhalt,
in dem 1934 bei Kanalisationsarbeiten
eine Frau und ein Kleinkind aus der Mittelsteinzeit entdeckt wurden.
Foto: Jwaller / CC BY-SA 3.0 (via Wikimedia Commons),
lizensiert unter Creative-Commons-Lizenz by-sa-3.0,
https://creativecommons.org/licenses/by-sa/3.0/legalcode

Besonders aufschlussreich ist die bereits erwähnte Bestattung einer Frau mit einem Kleinkind zwischen den Schenkeln in Bad Dürrenberg. Angesichts der körperlichen Nähe der beiden könnte es sich um Mutter und Kind handeln. Man hatte die Leiche der Frau mit angewinkelten Beinen in die ausgehobene Grabgrube gesetzt. Die Tote war mit auffällig vielen Gegenständen umgeben, von denen etliche vermutlich zur Benutzung im Jenseits gedacht gewesen sind. So entdeckte man in dem Grab einen Schlagstein aus Quarzgeröll zum Bearbeiten von Steingeräten, eine 11 Zentimeter lange, 4,7 Zentimeter breite, geschliffene Beilklinge aus schwarzem Hornblendeschiefer, neun Feuersteinklingen und einen 14,2 Zentimeter langen Kranichknochen, in dessen Innerem 31 Mikrolithen aus Feuerstein steckten, die sich als Pfeilspitzen eigneten. Außerdem barg man Bruchstücke vom Panzer einer Sumpfschildkröte, Vogelknochen, ein Rehgeweih und drei Rehunterkiefer, 18 durchbohrte Zähne vom Auerochsen oder Wisent und vom Wildschwein, undurchbohrte Zähne vom Wisent, Rothirsch und Reh sowie Reste von Muscheln. Sowohl das Skelett der Frau als auch des Kleinkindes waren in einer 30 Zentimeter mächtigen, mit Rötel durchsetzten Erdverfärbung eingebettet. Die ungewöhnlich reichen Beigaben der Frau aus Bad Dürrenberg werden als Requisiten einer Schamanin gedeutet. Der Kopf der Toten könnte mit einer Zier aus Fell, Tierzähnen sowie den Schädelknochen und dem Geweih eines Rehes bedeckt worden sein. Auch zu Lebzeiten sei die „Schamanin von Bad Dürrenberg" in dieser Aufmachung mit Toten und Naturgeistern in Verbindung getreten, heißt es.

Im Laufe der Zeit ist die rätselhafte Tote von Bad Dürrenberg mehrfach fehlgedeutet worden. 1934 war von einem Medizinmanngrab die Rede. 1936 schrieb der Prähistoriker Friedrich-Karl Bicker aus Halle (Saale) das Grab der jungsteinzeitlichen

Fotos auf den Seiten 38 und 39:
Die Schauspielerin, Gästeführerin und Buchautorin Petra Paetzold,
stilvoll gekleidet als „Schamanin von Bad Dürrenberg"
Das Künstler-Ehepaar Frank Paetzold und Petra Paetzold
aus Bad Dürrenberg
veröffentlichte die siebenbändige Buchreihe „Herr Engel erzählt",
durch die Kinder und Jugendliche
die Geschichte ihrer Heimat kennenlernen sollen.
Der erste Band „Die Schamanin von Bad Dürrenberg"
erschien 2019.
Foto: Uwe Heinze

Der Anthropologe Kurt Alt (Foto) und der Prähistoriker Martin Porr
teilten 2006 neue Erkenntnisse
über die „Schamanin von Bad Dürrenberg mit.
Foto: Uni mainz 001 / CC BY-SA 3.0 (via Wikimedia Commons),
lizensiert unter Creative-Commons-Lizenz by-sa-3.0,
https://creativecommons.org/licenses/by-sa/3.0/legalcode

Schnurkeramischen Kultur zu. 1957 spekulierte der Anthropologe Hans Grimm (1910–1995) aus Halle (Saale) über eine Enthauptung und mögliche Entnahme des Gehirns. 1972 las man von einem Heiler. 2006 teilten der Prähistoriker Martin Porr vom Landesamt für Denkmalpflege in Halle (Saale) und der Anthropologe Kurt Alt von der Universität Mainz neue Erkenntnisse mit. Demnach handelt es sich bei der Bestattung eines erwachsenen Menschen in Bad Dürrenberg um eine Frau, die im Alter zwischen 25 und 35 Jahren um 7.000 v. Chr. gestorben ist. Diese Frau war für ihre Zeitgenossen wohl etwas Besonderes. Sie konnte durch das Drehen ihres Kopfes die Blut- und Sauerstoffzufuhr in ihr Gehirn reduzieren oder gar unterbrechen und sich so in Trance versetzen. Nämlich in jenen Dämmerzustand, in dem Schamanen angeblich mit Ahnen und Geistern in Verbindung treten, böse Mächte vertreiben und für eine erfolgreiche Jagd oder Schutz vor Krankheit und Tod sorgen. Möglich wurde dies durch den nicht vollständig ausgebildeten obersten Halswirbel der Frau und einen ungewöhnlichen Verlauf eines Blutgefäßes am Übergang vom Hals zum Kopf. Männliche Kollegen der „Schamanin von Dürrenberg" waren Schamanen oder Zauberer mit abenteuerlich aussehenden Hirschschädelmasken. Unter einer Hirschschädelmaske versteht man einen Kopfschmuck, der vermutlich mit dem Fell und den Ohren des Hirsches auf dem Kopf eines Zauberers befestigt war. Festgehalten wurde diese Maske durch Lederriemen, die man durch die erwähnten Löcher zog. Reste solcher Masken kamen in England (Star Carr), Nordrhein-Westfalen (Erfttal bei Bedburg, Erftkreis), Mecklenburg (Hohen Viecheln, Kreis Nordwestmecklenburg; Plau am See, Kreis Ludwigslust-Parchim) sowie Brandenburg (Berlin-Biesdorf) zum Vorschein. Im Erfttal fand man sogar zwei kapitale Rothirschgeweihe,

Mittelsteinzeitliche Hirschjäger in Star Carr,
North Yorkshire (England).
In „Illustrated London News" im Februar 1951
veröffentlichte Zeichnung von Alan Sorrel (1904–1974).
Wegen der Feuchtbodenerhaltung gilt Star Carr
als die an Artefakten aus Holz und Knochen reichste
mesolithische Fundstätte Englands.

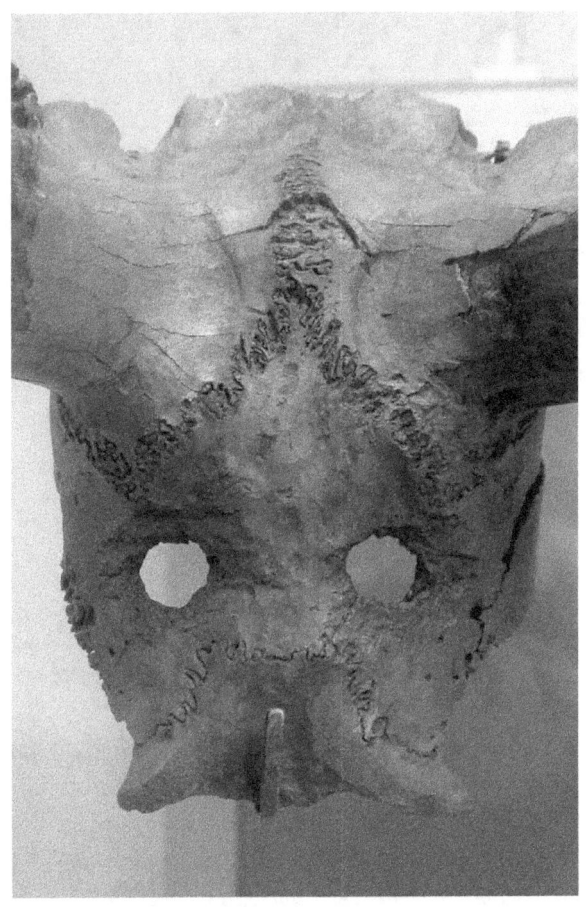

Mittelsteinzeitliche Hirschschädelmaske von Star Carr,
North Yorkshire (England),
ausgestellt in Raum 51 des Britischen Museums in London.
Foto: Ethan Doyle White / CC BY-SA 4.0
(via Wikimedia Commons),
lizensiert unter Creative-Commons-Lizenz unter by-sa-4.0,
https://creativecommons.org/licenses/by-sa/4.0/legalcode

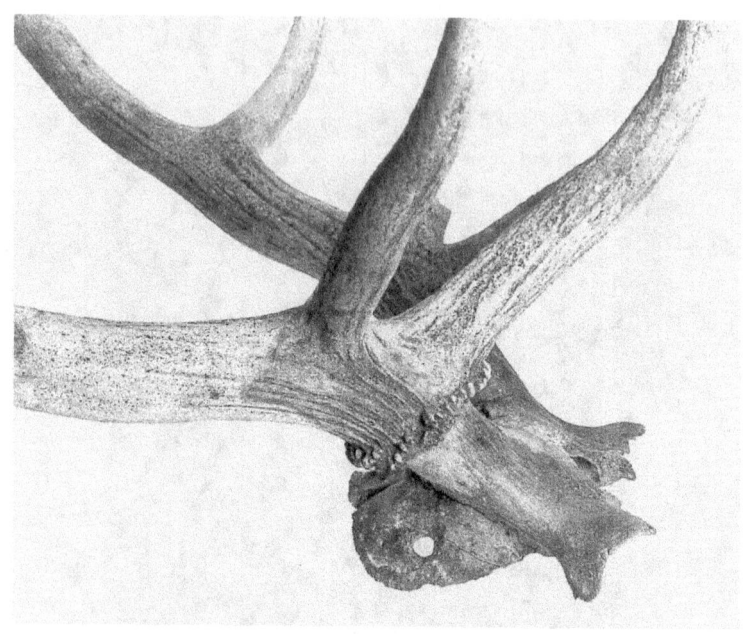

Detailaufnahme einer der beiden Hirschschädelmasken
mit Durchbohrung am Hinterkopf
aus dem Erfttal bei Bedburg (Erftkreis) in Nordrhein-Westfalen..
Die Maske wurde vermutlich mitsamt Fell und Ohren des Hirsches
von einem mittelsteinzeitlichen Zauberer getragen.
Original im Rheinischen Landesmuseum Bonn.
Foto: Rheinisches Landesmuseum Bonn

*Die Schamanen der sibirischen Tungusen tanzten
noch im frühen 18. Jahrhundert in ähnlich abenteuerlicher Aufmachung
wie die mittelsteinzeitlichen Zauberer in Deutschland,
von denen man Hirschschädelmasken gefunden hat.
Obige Zeichnung zeigt einen Schamanen der Tungusen,
wie ihn der holländische Reisende Nicolaas Witsen (1611–1717)
beobachtet hat.*

Als Tier-Mensch-Mischwesen verkleideter Schamane,
Darstellung aus der altsteinzeitlichen Kulturstufe Magdalénien
in der Grotte Les Trois Frères („Drei-Brüder-Höhle")
im französischen Département Arièges
Bild (via Wikimedia Commons),
Lizenz: gemeinfrei (Public domain)

denen jeweils ein größeres Stück des Schädeldaches anhaftet. In beiden Fällen wurde das Schädeldach mit zwei Löchern versehen.

In der Grotte Les Trois Frères („Drei-Brüder-Höhle") im französischen Département Arièges hat man in der Kulturstufe Magdalénien irgendwann zwischen etwa 18.000 und 12.000 v. Chr. Schamanen dargestellt, die als Tier-Mensch-Mischwesen verkleidet sind. Der Name dieser Höhle beruht darauf, dass die drei Söhne Max, Jacques und Louis des Grafen Henri Bégouen (1863–1956) zusammen mit François Camel und Marcellin Bermon den Eingang im Juli 1914 entdeckten. Ein in der Grotte dargestelltes Mischwesen trägt eine Hirschmaske und ein anderes eine Wisentmaske. Letzteres Mischwesen wird „Hexenmeister mit Musikbogen" genannt, weil es angeblich einen Mundbogen spielt. Bei einer weiteren Gestalt entspricht vermeintlich der Unterleib dem eines Menschen, der Oberkörper dagegen einem zurückblickenden Wisent. Im Buch „Die Jagd der Vorzeit" (1937) das Jagdwissenschaftlers Kurt Lindner (1906–1987) war von einem in Wildschweinsmaske tanzenden Zauberer in der Höhle Trois Frères die Rede. Offenbar wollten sich die damaligen Schamanen in ein Mischwesen verwandeln, dem sie übernatürliche Kraft nachsagten. Zum Hirschgeweih kamen als Teil der Verkleidung in der Grotte Les Trois Frères noch Attribute vom Bären, vom Pferd und vom Raubvogel. Dieses Mischwesen wird als „Hexenmeister", der einen magischen Ritus praktiziert, als „Gott der Tiere" („dieu cornu" = „gehörnter Gott") oder als tanzender Schamane in Trance gedeutet. In ähnlich abenteuerlich aussehender Aufmachung tanzten noch zu Beginn des 18. Jahrhunderts die Schamanen der sibirischen Tungusen, wenn sie sich in Ekstase versetzten, um Krankheiten zu heilen oder erneutes Jagdglück zu beschwören. Eine bekannte Zeichnung

Holländischer Diplomat, Bürgermeister und Regent von Amsterdam
sowie Reisender Nicolaas Witsen (1641–1717).
1701 von dem deutschen Kupferstecher
Petrus Schenk der Ältere (1660–1711)
geschaffenes Porträt.
Bild (via Wikimedia Commons),
Lizenz: gemeinfrei (Public domain)

zeigt einen Schamanen der Tungusen, wie ihn der holländische Reisende Nicolaas Witsen (1641–1717) beobachtet hat. Aufgrund der Verwendung von Rötel wird auch die Bestattung auf dem Schafberg in Niederkaina in die Mittelsteinzeit datiert. Als Beigaben des bereits aufgelösten Skeletts dienten Feuersteingeräte und eine Querhaue. Diese spärlichen Stücke deuten ebenfalls auf den Glauben an ein Weiterleben nach dem Tode hin.

Als bedeutendster Beleg für den steinzeitlichen Schädelkult gelten die insgesamt 34 Schädel mit Schlagspuren aus der Großen Ofnethöhle bei Holheim unweit von Nördlingen (Kreis Donau-Ries) in Bayern. Es ist unklar, ob die mit großer Wucht ausgeführten Schläge lebende Menschen trafen und somit deren Tod bewirkten oder ob sie einem bereits Verstorbenen galten. Schnittspuren an den Halswirbeln zeigen, dass die Schädel mit Gewalt vom übrigen Körper getrennt wurden. Angebrannte Knochen und Kohlestücke liefern einen Anhaltspunkt dafür, dass die zu den Kopfbestattungen gehörenden Körper verbrannt worden sind. Die mittelsteinzeitlichen Kopfbestattungen erinnern an die Rituale mancher Naturvölker, bei denen der Kopf als wichtigster Teil des Menschen im Mittelpunkt stand und besonders verehrt wurde.

Auch an Einzel-, Doppel- und Dreifachbestattungen machte man interessante Beobachtungen. So wurden manche Tote auf eine glühende Feuerstelle gelegt – vielleicht in der Hoffnung, sie so wieder zum Leben zu erwecken –, andere mit Steinen oder Hirschgeweih bedeckt oder mit Werkzeugen und Schmuck für das Jenseits versehen.

Die Art und Weise vieler Bestattungen aus der Mittelsteinzeit – wie Beisetzung auf Siedlungsplätzen, „liegende Hocker" in Schlafstellung, „sitzende Hocker", Rotfärbung des Toten sowie Werkzeug- und Schmuckbeigaben – deuten darauf hin, dass

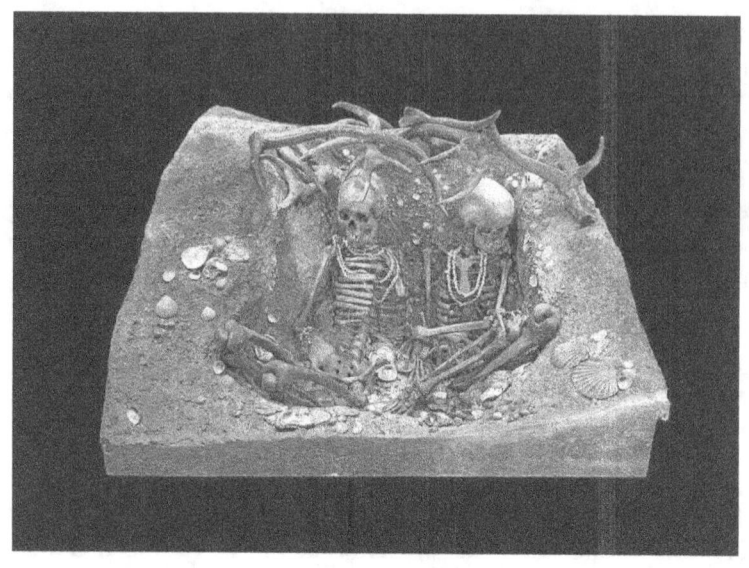

Rekonstruiertes mittelsteinzeitliches Grab von Téviec
auf der gleichnamigen Insel im Golfe du Morbihan
im französischen Département Morbihan.
Die in diesem Grab bestatteten jungen Frauen
im Alter zwischen 25 und 35 Jahren
sind gewaltsam ums Leben gekommen.
Rekonstruktion im Muséum de Toulouse.
Foto: Didier Desouens / CC BY-SA 4.0
(via Wikimedia Commons),
lizensiert unter Creative-Commons-Lizenz by-sa-4.0,
https://creativecommons.org/licenses/by-sa/4.0/legalcode

die damaligen Menschen an einen „lebenden Leichnam"
glaubten. Verstorbene waren nach dieser Auffassung nicht tot,
sondern lebten weiter und wurden als Mitglied der Ge-
meinschaft betrachtet. Durch die Zerstückelung von bestimmten Leichen wollte man vielleicht die Wiederkehr von
gefürchteten Personen verhindern.

Neben Einzelbestattungen gab es in der Mittelsteinzeit
Kollektivbestattungen mit bis zu mehr als 40 Verstorbenen.
In Hockerlage mit zum Körper hin angezogenen Knien wurden
beispielsweise 23 Verstorbene auf der westfranzösischen Insel
Téviec[8] im Golfe du Morbihan bestattet. Dieser Fundort
gehörte in der Mittelsteinzeit noch zum Uferland der Loire-
Mündung. Bei den Toten von Téviec handelte es sich um sieben
Männer, acht Frauen und acht Kinder. Man hatte sie alle mit
rotem Farbstoff bestreut und unter Muschelhaufen zur letzten
Ruhe gebettet.

Nur etwa 30 Kilometer von Téviec entfernt liegt die Insel
Hoedic[9] im Golfe du Morbihan, auf der vier Männer, fünf
Frauen und vier Kinder in Hockerlage mit zum Körper hin
angezogenen Knien und mit Ocker überhäuft bestattet wurden.

Als eines der eindrucksvollsten Beispiele für Bestattungen in
einer Höhle gelten die Funde in der Caverna delle Arene
Candide[10], die etwa 20 Kilometer von der italienischen Stadt
Savona in Ligurien entfernt ist. Dort wurden in der Mittelsteinzeit 15 Erwachsene, Jugendliche und Neugeborene be-
bestattet.

Rekonstruktion der Schädelbestattung aus der Mittelsteinzeit
in der Höhle Hohlenstein-Stadel bei Asselfingen (Alb-Donau-Kreis)
in Baden-Württemberg.
Originale in der Osteologischen Sammlung der Universität Tübingen.
Foto: Osteologische Sammlung der Universität Tübingen

Gräber und Skelettreste aus der Mittelsteinzeit

Es ist erstaunlich, dass man in manchen Teilen von Deutschland einige Skelettreste, in anderen dagegen nur einen einzigen oder sogar keinen einzigen Skelettrest von Menschen aus der Mittelsteinzeit gefunden hat. Immerhin hat dieser Abschnitt der Menschheitsgeschichte in den meisten deutschen Bundesländern mehr als 4.000 Jahre lang gedauert. Nachfolgend eine Übersicht über die bisher aus Deutschland bekannten mittelsteinzeitlichen Gräber und menschlichen Skelettreste.

Baden-Württemberg
In Baden-Württemberg hat man in der Falkensteinhöhle bei Thiergarten (Kreis Sigmaringen), in der Höhle Hohlenstein-Stadel bei Asselfingen (Alb-Donau-Kreis) und in Blaubeuren-Altental (Alb-Donau-Kreis) menschliche Skelettreste geborgen. Die Knochen eines etwa 30 bis 40 Jahre alten, rund 1,70 Meter großen Mannes aus der Falkensteinhöhle, der um 7.200 v. Chr. lebte, wurden 1933 von dem Oberpostrat i. R. Eduard Peters (1869–1948) entdeckt. Bei dem Fund vom Sommer 1937 im Hohlenstein-Stadel mit einem Alter von mindestens 6.400 v. Chr. handelt es sich um drei Schädel, die der Tübinger Geologe und Prähistoriker Otto Völzing (1910–2001) und der Tübinger Anatom Robert Wetzel (1898–1962) bargen. Die Schädel stammen von einer ca. 20 Jahre alten Frau, einem etwa 20- bis 30jährigen Mann und einem zwei- bis vierjährigen Kind. In Blaubeuren-Altental entdeckte man zwischen 1949 und 1951 insgesamt 18 Skelettelemente, die von mindestens vier Menschen stammen. Die ersten Funde kamen im Herbst 1949 bei

Schädelbestattung in der Großen Ofnethöhle
bei Holheim (Kreis Donau-Ries) in Bayern.
Zeichnung des paläontologischen Zeichners
Anton Birkmaier (1869–1926) aus München,
die er nach einer Fotografie anfertigte.

der Anlage eines kleinen Parkplatzes unterhalb des Schotterwerkes E. Merkle dicht an einem Felsen im Blautal ans Tageslicht. Der Besitzer des Schotterwerkes, Eduard Merkle (1904–1951), barg einen Schädel. Zwischen 1949 und 1951 fand der Oberstudiendirektor Albert Kley (1901–2001) aus Geislingen bei der Nachsuche weitere Skelettelemente. Eine AMS-14C-Datierung des Schädels ergab ein Alter um 7.250 v. Chr. Unter dem Felsdach Inzigkofen (Kreis Sigmaringen) befand sich ein einzelner menschlicher Backenzahn. In der Jägerhaushöhle bei Fridingen-Bronnen (Kreis Tuttlingen) lagen zwei Kinderzähne.

Bayern
Die meisten Knochenreste von Menschen aus der Mittelsteinzeit in Deutschland wurden 1908 von dem Tübinger Prähistoriker Robert Rudolf Schmidt (1882–1950) in der Großen Ofnethöhle bei Holheim (Kreis Donau-Ries) in Schwaben (Bayern) entdeckt. Dort kamen insgesamt 34 Schädel von Männern, Frauen und Kindern zum Vorschein. Lange Zeit hatte man nur von 33 Schädeln gesprochen. Bei einer Nachuntersuchung der Ofnet-Schädel entdeckte 1936 der Münchner Anthropologe Theodor Mollison (1874–1952), dass man diesen Menschen den Schädel eingeschlagen hatte. In die Mittelsteinzeit wird auch der Schädel eines etwa 25 bis 35 Jahre alten Mannes datiert, der 1913 nahe des Eingangs der Halbhöhle Hexenküche am Kaufertsberg bei Lierheim (Kreis Donau-Ries) in Schwaben gefunden wurde. Mittelsteinzeitliches Alter sollen die Skelettreste von drei Menschen haben, die man im Sommer 1982 im Innenhof von Burg Nassenfels (Kreis Eichstätt) in Oberbayern geborgen hat. Sie stammen von zwei Kindern im Alter von 2 und 4 Jahren sowie einem Jugendlichen zwischen 14 und 16 Jahren.

Schädel einer Frau aus der Mittelsteinzeit
aus der Blätterhöhle am Weißenstein im Lennetal (Stadt Hagen)
in Nordrhein-Westfalen. Fund von 2004.
Foto: Ingo Kramer www.volmefoto.de / CC BY-SA 3.0
(via Wikimedia Commons),
lizensiert unter Creative-Commons-Lizenz by-sa-3.0,
https://creativecommons.org/licenses/by-sa/3.0/legalcode

Hessen

Von den Menschen der Mittelsteinzeit in Hessen liegen bisher keine mit Sicherheit datierbaren Skelettreste vor. Vielleicht gehört der auf ein Alter von etwa 12.000 bis 8.000 Jahren geschätzte Schädel aus dem Dorf Rhünda, einem Stadtteil von Felsberg (Schwalm-Eder-Kreis), in diese Zeit. Dieser Schädel wurde am 20. Juni 1956 von den zehnjährigen Schülern Reinhart Wendel und Günther Otys am Bachufer etwa 80 Zentimeter unter der Erdoberfläche entdeckt. Damals waren sie am Tag nach einem Unwetter mit ihrem Lehrer Eitel Glatzer unterwegs. Der Fundort lag an einem neu entstandenen Ufer der Rhünda nahe ihrer Mündung in die Schwalm.

Nordrhein-Westfalen

Auch aus Nordrhein-Westfalen sind einige Skelettreste von Menschen aus der Mittelsteinzeit bekannt. Jahrzehntelang bewahrte man in der ur- und frühgeschichtlichen Sammlung der Stadt Balve ein handtellergroßes menschliches Schädeldach aus der Balver Höhle (Märkischer Kreis) auf, dessen wahres Alter bis 2004 unbekannt war. Jenes Fossil ist bereits 1939 bei einer Grabung entdeckt worden. Nach Auflösung der Sammlung in Balve gelangte der Fund zu Beginn des 21. Jahrhunderts in die Obhut der LWl-Archäologie. Um das Schädeldach in der neuen Dauerausstellung im „LWL-Museum für Archäologie" in Herne richtig platzieren zu können, ließ man sein Alter im Datierungslabor der Universität in Groningen (Niederlande) datieren. Das Ergebnis überraschte: Der Fund stammt aus der frühen Mittelsteinzeit um 8.400 v. Chr..

Teilweise aus der frühen Mittelsteinzeit stammen auch menschliche Knochen, die bei Ausgrabungen in der Blätterhöhle am Weißenstein im Lennetal (Stadt Hagen) zum Vorschein kamen. Ein in die Höhle führendes mit Laub verfülltes Loch wurde

Bestattung eines Kindes (Grab I)
unter dem Felsdach Abri IX bei Reinhausen (Kreis Göttingen)
in Niedersachsen.
Foto: Landratsamt Göttingen

1983 von Spelealogen des „Arbeitskreises Kluterhöhle e. V."
entdeckt. Ausgrabungen in der Blätterhöhle erfolgten ab 2006.
Etwas Besonderes sind drei von Menschenhand deponierte
Oberschädel von ausgewachsenen Wildschweinen, denen die
Eckzähne entfernt wurden. An Jagdbeuteresten von Reh und
Rotwild sind Schlag- und Zerlegungsspuren zu erkennen. Die
menschlichen Skelettreste von mehreren Personen, darunter
auch Kleinkinder und Jugendliche, waren vermutlich bereits
bei ihrer Niederlegung in der Blätterhöhle fragmentiert und
haben sich wahrscheinlich vorher an einem anderen Platz
befunden.

Aus der Mittelsteinzeit könnte auch ein 1911 beim Bau des
Rhein-Herne-Kanals in Oberhausen vier Meter tief unter der
Erdoberfläche geborgener Oberschädel ohne Zähne stammen.
Er wurde durch den Berliner Anatomen Hans Virchow (1852–
1940) untersucht und 1911 beschrieben, wobei Virchow ein
höheres geologisches Alter nicht ausschloss. Der Originalfund
ging später durch Kriegswirren verloren. Im Bottroper Museum
für Ur- und Ortsgeschichte" sowie im „Stadtarchiv Oberhausen" bewahrt man jedoch Abgusskopien auf.

Niedersachsen
Bisher sind zwei Ende der 1980er Jahre entdeckte Kinder-
skelette wahrscheinlich die einzigen Reste von Menschen aus
der Mittelsteinzeit in Niedersachsen. Das erste Kinderskelett
(Grab I) in gestreckter Rückenlage mit dem Kopf im Osten
wurde 1988 bei Grabungen unter Leitung des Göttinger
Kreisarchäologen Klaus Grote unter einem der insgesamt 14
Felsdächer an der Südflanke des Bettenroder Berges bei
Reinhausen (Kreis Göttingen) im Abri IX entdeckt. Dabei
handelt es sich um das rund 75 Zentimeter große Skelett eines
etwa anderthalbjährigen Jungen. Das zweite Kinderskelett

Prähistoriker Klaus Grote,
Entdecker der beiden Kinderbestattungen
unter dem Abri IX an der Südflanke des Bettenroder Berges
bei Reinhausen (Kreis Göttingen) in Niedersachsen.
Foto: Privatarchiv Dr. Klaus Grote

(Grab II), auf der rechten Seite liegend mit zum Körper hin angezogenen Knien (Hockerlage), kam 1989 bei den Grabungen von Grote unter demselben Felsdach ungefähr 4 Meter von Grab I entfernt zum Vorschein. Es ist die Bestattung eines ca. 3 Jahre alten Mädchens, das etwa 85 Zentimeter groß war. Die Ergebnisse der 14C-Altersdatierungen von Knochenproben sind sehr widersprüchlich: Grab I kurz nach der Ausgrabung um 9.100 v. Chr. und 2009 um 460 v. Chr., Grab II kurz nach der Ausgrabung um Christi Geburt und 2009 um 800 v. Chr. Der Ausgräber Klaus Grote geht wegen der Lage der beiden Bestattungen und ihrer Beifunde von einer Zeitstellung im Spätmesolithikum aus. An beiden Kinderskeletten ließen sich Mangelerscheinungen im Knochenaufbau nachweisen.

Thüringen

Von den Menschen aus der älteren Mittelsteinzeit in Thüringen kennt man – wie erwähnt – nur aus Bottendorf, Ortsteil von Roßleben-Wiehe (Kyffhäuserkreis), aussagekräftige Skelettreste. Die Fundgeschichte der Gräber in Bottendorf begann am 14. März 1939 mit der Entdeckung eines menschlichen Skeletts durch den Arbeitsdienst. Am Tag darauf barg der Prähistoriker Friedrich Karl Bicker (1908–1967) aus Halle/Saale dieses von einem 20 bis 40 Jahre alten Mann stammende Skelett. Es wird in der Fachliteratur als Bottendorf I erwähnt. Eine 35 bis 45 Jahre alte Frau (Bottendorf II/1) sowie ein sieben bis acht Jahre altes Kind (Bottendorf II/2) hat man am 22. und 25. April 1939 in etwa 15 Meter Entfernung entdeckt. Die drei mittelsteinzeitlichen Toten von Bottendorf wurden mitten in der Siedlung bestattet. Vielleicht ist dies ein Hinweis dafür, dass man jenen Menschen auch nach dem Tode noch nahe sein wollte. Das am 15. März 1939 in Bottendorf geborgene

Männerskelett wurde als „sitzender Hocker" vorgefunden, wodurch vielleicht die Vorstellung vom „Lebenden Leichnam" zum Ausdruck kommt. Dieser Fund war wie die beiden übrigen sitzenden mittelsteinzeitlichen Skelette von Bottendorf mit Rötel als der Farbe des Lebens oder zumindest der Festlichkeit bedeckt.

Sachsen-Anhalt
In Bad Dürrenberg (Saalekreis) in Sachsen-Anhalt) kamen – wie ebenfalls erwähnt – am 4. Mai 1934 bei Kanalisationsarbeiten mitten im Kurpark die Skelettreste einer 25 bis 35 Jahre alten Frau und eines Kleinkindes im Alter von einem halben bis einem Jahr zum Vorschein. Sie wurden in großer Eile durch den Restaurator Wilhelm Henning aus Halle/Saale geborgen, da der Kurpark bereits am nächsten Tag eingeweiht werden sollte. Die Frau war fast 1,60 Meter groß. Man hatte sie in hockender Haltung mit dem Säugling zwischen den Oberschenkeln bestattet. Ungewöhnliche Grabbeigaben der Frau (Rehgeweih, Tierzahnanhänger und Schildkrötenpanzer) werden als Requisiten einer Schamanin gedeutet. Die Bestattung in Bad Dürrenberg wurde 1977 von dem Prähistoriker Volkmar Geupel aus Dresden in die späte Mittelsteinzeit datiert, in der Jäger, Fischer und Sammler bereits Kontakte zu den jungsteinzeitlichen Bauern der Linienbandkeramischen Kultur (etwa 5.500 bis 4.900 v. Chr.) hatten. Bestattungssitte und Beigaben sprachen angeblich für die Mittelsteinzeit, eine ebenfalls mitgegebene Flachhacke aus Hornblendeschiefer stammte dagegen bereits aus dem jungsteinzeitlichen Kulturmilieu. Die Radiokarbon-Datierung einiger Knochen ergab ein Alter zwischen etwa 7.000 und 6.200 v. Chr., was gegen eine Begegnung von mittelsteinzeitlichen Jägern und jungsteinzeitlichen Bauern spricht.

Weitgehend erhalten ist das Skelett einer mehr als 50jährigen Frau, das im Juli 1984 auf dem Weinberg südlich von Unseburg (Salzlandkreis) in Sachsen-Anhalt gefunden wurde. Diese Bestattung kam bei Grabungen des Landesmuseums für Vorgeschichte in Halle/Saale zum Vorschein, an der sich auch andere Helfer beteiligten. Die Frau ruhte auf der linken Seite mit zum Körper angezogenen Beinen. Ihre Grabbeigaben – Feuersteinabschläge und zwei Dreiecksmikrolithen aus Feuerstein – ließen erkennen, dass sie in der Mittelsteinzeit gelebt hatte. Sie war 1,57 Meter groß.

Sachsen

Nach der Bestattungssitte zu schließen, gehört ein 1930 auf dem Schafberg bei Niederkaina (Kreis Bautzen, obersorbisch: Wokrjes Budysin) in Sachsen entdecktes Grab in die späte Mittelsteinzeit. Im dortigen Sandboden waren die menschlichen Knochen bei der Entdeckung des Grabes jedoch schon verwest. Sandboden entzieht Knochen das Kalzium, weshalb sie dann schneller zerfallen.

Auch in den 1983 bei Begehungen im Braunkohlen-Tagebauvorfeld aufgespürten fünf Gräbern südlich von Schöpsdorf (Kreis Görlitz) in Sachsen hatten sich die Skelettreste von Jägern und Sammlern im Sandboden bereits aufgelöst. Diese Gräber waren auf zwei Dünenkuppen (Fundstelle 2 und Fundstelle 14) verteilt und rund 300 Meter voneinander entfernt. Ein Grab scheint nahe eines Lagerplatzes angelegt worden zu sein. Zumindest noch Zahnreste befanden sich in Grab 2 der Fundstelle 2 und in Grab 1 der Fundstelle 14. Dass es sich um Bestattungen aus der Mittelsteinzeit handelte, zeigten Rötelverfärbungen und in vier Gräbern auch typische Feuersteingeräte. Grab 2 von Fundstelle 2 (auch Schöpsdorf 2) enthielt eine kurze trapezförmige Pfeilspitze, wie sie für die

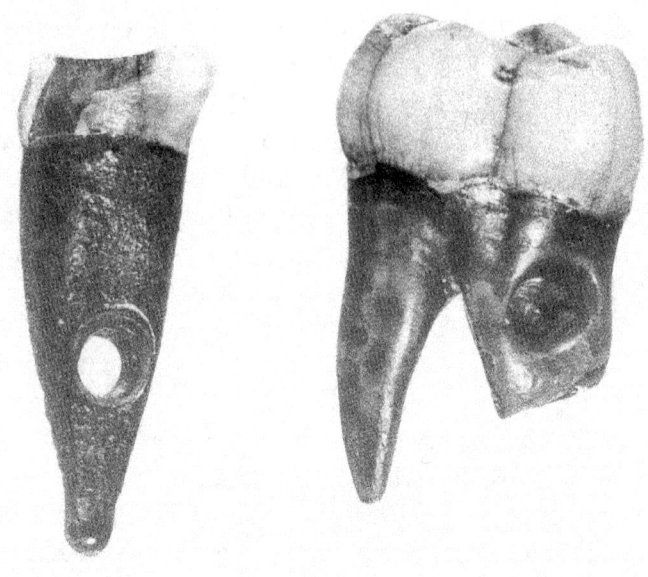

Durchbohrte Menschenzähne aus der Zeit
der Duvensee-Gruppe (etwa 7.000 bis 6.000 v. Chr.)
von Friesack 4 (Kreis Havelland) in Brandenburg,
die als Kettenschmuck verwendet wurden.
Links Eckzahn (1,95 Zentimeter hoch), rechts Backenzahn.
Originale im Museum für Ur- und Frühgeschichte Potsdam.
Foto: Museum für Ur- und Frühgeschichte Potsdam

jüngere Mittelsteinzeit typisch ist. Grab 1 von Fundstelle 14 (Schöpsdorf 14) bestand gleichzeitig wie die bäuerliche Linien-bandkeramische Kultur. Das Dorf Schöpsdorf (obersorbisch: Sepsecy) wurde 1967 nach Merzdorf eingemeindet und ab 1981 vom Tagebau Bärwalde überbaggert.

Brandenburg
Für einen menschlichen Schädeldachrest und zwei Zähne bei Friesack (Kreis Havelland), etwa 60 Kilometer nordwestlich von Berlin, ist die Zuordnung zur mittelsteinzeitlichen Duvensee-Gruppe (etwa 7.000 bis 6.000 v. Chr.) gesichert. Diese Kulturstufe ist nach dem Fundort Duvenseer Moor (Kreis Herzogtum Lauenburg) in Schleswig-Holstein benannt. Der Schädelrest und die beiden Zähne von Friesack wurden bei den Grabungen des Potsdamer Prähistorikers Bernhard Gramsch am Fundplatz Friesack 4 entdeckt. Dies ist ein Talsandhügel innerhalb des Warschau-Berliner-Urstromtales, das in der Weichsel-Eiszeit entstanden ist.

Ein bedeutender Bestattungsplatz aus der jüngeren Mittel-steinzeit zwischen etwa 6.400 und 4.900 v. Chr. lag – wie schon erwähnt – auf dem Weinberg bei Groß Fredenwalde (Kreis Uckermark) in Brandenburg. Die dort beerdigten Menschen gelten als die letzten Jäger, Fischer und Sammler kurz vor dem Beginn der „neolithischen Revolution" mit dem Aufkommen von Ackerbau und Viehzucht in Norddeutschland. Auf den Bestattungsplatz wurde man 1962 beim Ausheben einer Bau-grube für einen Signalmast auf dem Gipfel des Weinbergs aufmerksam. Dabei hat man Skelettreste von sechs Personen notdürftig geborgen: zwei Männer, 30 bis 39 und 40 bis 49 Jahre alt und 1,56 Meter groß, eine Frau, 40 bis 49 Jahre alt sowie 1,52 Meter groß, drei Kinder im Alter von 3 bis 4, 4 bis 5 und 7 bis 8 Jahren. Die Toten wurden mit rotem Ocker

Professor Dr. Thomas Terberger,
Experte für Alt- und Mittelsteinzeit,
seit Mai 2013 Referent für Jägerische Archäologie
am Niedersächsischen Landesamt für Denkmalpflege.
Foto: Axel Hindemith, Lizenz: Creative Commons by-sa-3.0 de
(via Wikimea Commons),
lizensiert unter Creative-Commons-Lizenz by-sa-3.0,
https://creativecommons.org/licenses/by-sa/3.0/legalcode

bestreut und mit Grabbeigaben – Knochenpfrieme, Feuerstein-klingen und Feuersteinabschläge – versehen. An einem Schädel befanden sich durchbohrte Tierzahnanhänger, die offenbar auf einem Band aufgefädelt waren. Auf Initiative des Prähistorikers Thomas Terberger erfolgten 2012, 2014, 2019 und 2020 Nach-untersuchungen auf dem Weinberg. Bei den Ausgrabungen von 2014 entdeckte man die Reste von drei Menschen. Ein um 5.000 v. Chr. gestorbener, 25 Jahre alter und 1,56 Meter großer Mann wurde aufrecht stehend in einer offen gelassenen Grube bestattet. Erst als der Körper zerfallen war, schüttete man die Grube zu und zündete darüber ein Feuer an. Weil man ihn mit Feuerstein-Artefakten und zwei Knochenwerk-zeugen als Beigaben austattete, betrachtet man ihn als Hand-werker. Aus der Zeit um 6.400 v. Chr. stammt ein Kleinkind im Alter von etwa einem halben bis einem Jahr, das man bei der Bestattung mit Ocker bestreut hatte. 2019 und 2020 wurde auf dem Weinberg jeweils ein weiteres Grab entdeckt. Ins-gesamt sind von 1962 bis 2020 auf dem Bestattungsplatz von Groß Fredenwalde elf Bestattungen gefunden worden.

Weitere menschliche Skelettreste aus der Mittelsteinzeit in Brandenburg liegen aus Berlin-Schmöckwitz, bei Königs Wusterhausen und Rathsdorf vor. In Berlin-Schmöckwitz, früher ein Fischerdorf, heute ein Ortsteil des Berliner Bezirks Treptow-Köpenick, stieß 1925 der Oberstudiendirektor Karl Hohmann (1886–1969) aus Eichwalde bei Berlin nahe der Dahme auf drei Bestattungen aus der älteren Mittelsteinzeit. Bei einer davon handelte es sich um einen 1,55 bis 1,60 Meter großen Mann mit bemerkenswert großem Schädel.

Von dem Amateur-Archäologen Karl Hohmann wurde 1956 auch der Bericht über eine mittelsteinzeitliche Bestattung veröffentlicht, die 1955 in Kolberg am Wolziger See (Kreis Dahme-Spreewald) entdeckt worden war. Dort hatte man eine

Schweriner Archivar und Prähistoriker
Friedrich Lisch (1801–1883).
Ölgemälde von Theodor Schloepke (1812–1878) um 1865.
Bild (via Wikimedia Commons),
Lizenz: gemeinfrei (Public domain)

etwa 20 bis 25 Jahre alte Frau mit einer Körpergröße von 1,42 Meter begraben.

2008 kam vor dem Bau einer neuen Erdgasleitung (Ostsee-Pipeline-Anbindungsleitung = „Opal") in Rathsdorf (Kreis Märkisch Oderland) in etwa 85 Zentimeter Tiefe ein weibliches Skelett aus der späten Mittelsteinzeit zum Vorschein. Auf dieses war man durch ein bei der Probegrabung unter Leitung von Ralph Lehmpfuhl entdecktes Schlüsselbein aufmerksam geworden. Zu den Grabbeigaben der Frau gehörten eine Knochenspitze, drei Feuersteinartefakte und mindestens 134 Tierzähne.

Mecklenburg-Vorpommern
Eine Einstufung in die mittelsteinzeitliche Duvensee-Gruppe wird für die Skelettreste von drei Menschen aus Nehringen (Kreis Vorpommern-Rügen) und ein Skelett aus Plau am See (Kreis Ludwigslust-Parchim), beide in Mecklenburg-Vorpommern, erwogen.
Die Skelettreste von drei Menschen in angeblich sitzender Hockerstellung aus Nehringen wurden 1923 entdeckt. Bei ihnen sollen sich einige einfache Feuersteinklingen befunden haben. Diese Skelettreste hat man weder fachmännisch geborgen, noch existieren davon Zeichnungen, Fotos oder exakte Beschreibungen dieser Funde. Auch ihr Verbleib ist leider unbekannt.
Auf das Skelett aus Plau am See stieß man 1846 in dem Weinberg, der heute Klüschenberg heißt. Es lag etwa 1,80 Meter tief unter der Erdoberfläche im Kiessand. Bedauerlicherweise wurde dieser seltene Fund von Arbeitern zerschlagen. Die Skelettreste gelangten in den Besitz eines Einwohners aus Plau, der sie dem als Heimatforscher bekannten Pastor Johann Ritter (1799–1880) aus Vietlübbe schenkte. Der Fund wurde 1847 durch den Schweriner Archivar und Prähistoriker Friedrich Lisch (1801–1883) beschrieben.

Der norwegische Botaniker Axel Blytt (1843–1918)
prägte vermutlich um 1876
den Begriff Präboreal (Zeit vor dem Boreal).
Aufnahme eines unbekannten Fotografen
(via Wikimedia Commons),
Lizenz: gemeinfrei (Public domain)

Anmerkungen

1] Der Begriff Holozän wurde um 1867 durch den Pariser Zoologen Paul Gervais (1816–1879) geprägt. Dieser Name fußt darauf, dass im Holozän (griechisch: holos = ganz, kainos [latinisiert: caenus] = neu) die Mollusken mit wenigen Ausnahmen bereits den heutigen entsprachen.

2] Der Name Präboreal (Zeit vor dem Boreal) wurde vermutlich um 1876 durch den norwegischen Botaniker Axel Blytt (1843–1918) geprägt.

3] Auch der Ausdruck Boreal wurde vermutlich um 1876 von Axel Blytt (s. Anm. 2) eingeführt

4] Auch der Begriff Atlantikum wurde vermutlich um 1876 von Axel Blytt (s. Anm. 2) verwendet.

5] Das Grab vom Schafberg bei Niederkaina wurde 1930 durch den Bodendenkmalpfleger Erich Schmidt (1901–1979) aus Bautzen entdeckt.

6] Die fünf Gräber von Schöpsdorf wurden 1983 durch den ehrenamtlichen Bodendenkmalpfleger Heinz Trost aus Hoyerswerda entdeckt.

7] In Gerwisch hat 1927 der Sammler Franz Mertzky aus Magdeburg eine Feuersteinschlagstätte ausgebeutet. Diese Funde wurden 1928 durch den aus Magdeburg stammenden Prähistoriker Carl Engel (1895–1947) aus Greifswald beschrieben. Engel war von 1942 bis 1947 Ordinarius für Vor- und Frühgeschichte der Universität Greifswald. 1952 beobachtete der ehrenamtliche Bodendenkmalpfleger Hans Lies (1899–1981) aus Magdeburg, dass auf dem Fundplatz große Sandentnahmen stattfanden und dabei unter anderem Feuersteingeräte zum Vorschein kamen. Daraufhin untersuchte der Bodendenkmalpfleger Wilhelm Hoffmann (1902–1970) aus Halle/Saale die Fundstelle.

8] Die Bestattungen von Téviec wurden zwischen 1928 und 1930 durch den Eisenwarenhändler und Amateur-Archäologen Saint-Just Péquart (1881–1944) und dessen Frau Marthe Pequart (1884–1963) aus Nancy entdeckt.

9] Die Bestattungen von Hoedic wurden 1932/33 ebenfalls durch das bereits erwähnte Ehepaar Pequart (s. Anm. 9) gefunden.

10] Erste Untersuchungen der Caverna delle Arene Candide erfolgten schon 1865, systematische Ausgrabungen 1940 bis 1942 durch den Prähistoriker Luigi Bernabò Brea (1910–1999) aus Syrakus (Sizilien) und andere.

Literatur

BACH, Adelheid / BRUCHHAUS, Horst: Das mesolithische Skelett von Unseburg, Kr. Staßfurt. In: Jahresschrift
für mitteldeutsche Vorgeschichte, S. 21–36, Halle/Saale
1988.

BICKER, Friedrich-Karl: Ein schnurkeramisches Rötelgrab
mit Mikrolithen und Schildkröte in Dürrenberg, Kr.
Merseburg. In: Jahresschrift für die Vorgeschichte der
sächsisch-thüringischen Länder, S. 59–81, Halle/Saale 1936.

BICKER, Friedrich-Karl: Vorläufer der nordischen Rasse im
Unstruttale bei Bottendorf, Kreis Querfurt. In: Nachrichten-
blatt für deutsche Vorzeit 16, S. 236–237, Leipzig 1940.

BOGEN, Alfred: Die Vorgeschichte des Magdeburger
Landes. Herausgeber Stadt Magdeburg 1937.

ENGEL, Carl: Übersicht der mittelsteinzeitlichen
Fundplätze im Mittelelbegebiet. In: Abhandlungen und
Berichte aus dem Museum für Natur- und Heimatkunde und
dem Naturwissenschaftlichen Verein in Magdeburg,
S. 216–242, Magdeburg 1928.

FEUSTEL, Rudolf: Das Mesolithikum in Thüringen. In:
Alt-Thüringen, S. 18–75, Weimar 1961.

GEUPEL, Volkmar: Das Rötelgrab von Bad Dürrenberg,
Kr. Merseburg. In: HERRMANN, Joachim (Herausgeber):
Archäologie als Geschichtswissenschaft (= Schriften zur Ur-
und Frühgeschichte), Band 30, S. 101–110, Berlin 1977.

GEUPEL, Volkmar: Zum Verhältnis Spätmesolithikum-
Frühneolithikum im mittleren Elbe-Saale-Gebiet. In:
Veröffentlichungen des Museums für Ur- und Früh-
geschichte Potsdam, S. 105–112, Berlin 1980.

GEUPEL, Volkmar: Ein mesolithisches Grab vom Schafberg in Niederkaina bei Bautzen. In: Arbeits- und Forschungsberichte zur sächsischen Bodendenkmalpflege, S. 7–15, Berlin 1983.

GEUPEL, Volkmar / GRAMSCH, Bernhard: Spätpaläolithikum und Mesolithikum. In: Ausgrabungen und Funde 21, S. 32–40, Berlin 1976.

GRAMSCH, Bernhard: Das Mesolithikum im Flachland zwischen Elbe und Oder. Veröffentlichungen des Museums für Ur- und Frühgeschichte Potsdam, Berlin 1973.

GRAMSCH, Bernhard: Ein mesolithischer Wohnplatz mit Hüttengrundrissen bei Jühnsdorf, Kreis Zossen. In: Veröffentlichungen des Museums für Ur- und Frühgeschichte Potsdam, Berlin 1976.

GRIMM, Hans: Neue Gesichtspunkte zur Beurteilung des Rötelgrabes von Dürrenberg. In: Ausgrabungen und Funde 2, S. 54–55, Berlin 1957.

GRIMM, Hans: Paläopathologische Befunde an Menschenresten des Paläolithikums und Mesolithikums in der DDR als Hinweise auf den Lebenslauf und die Krankheitsbelastung. In: Ausgrabungen und Funde 31, S. 53–56, Berlin 1986.

GRÜNBERG, Judith M.: Die mesolithischen Bestattungen in Mitteldeutschland. In: MELLER, Harald (Herausgeber): Katalog zur Dauerausstellung im Landesmuseum für Vorgeschichte Halle. Band 1, S. 275–291, Halle Saale 2004.

HEDGES, R. E. M. / HOUSLEY, R. A. / BRONK, C. R. / VAN KLINIKEN, G. J.: Radiocarbon dates from the Oxford AMS system: Archaeometry date list 15 – Archaeometry 34 (2), S. 337–357, Oxford 1992.

HOFFMANN, Wilhelm / TÖPFER, Volker: Eine mittelsteinzeitliche Siedlungsschicht in der Elbdüne bei Gerwisch, Kreis Burg. In: Jahresschrift für mitteldeutsche Vorgeschichte, S. 81–99, Halle/Saale 1965.

HOHMANN, Karl: Mesolithische Gräber in Brandenburg?
Prähistorische Zeitschrift, S. 31–53, Berlin 1926.
OAKLEY, Kenneth Page / CAMPBELL, Bernard Grant /
In: MOLLESON, They Ivitsky: Bottendorf. In: Catalogue of
fossil Hominids, Part II: Europe. Trustees of the British
Museum (Natural History), S. 191, London 1971.
PAETZOLD, Frank / PAETZOLD, Petra: Die Schamanin
von Bad Dürrenberg, Norderstedt 2019.
PROBST, Ernst: Rekorde der Urmenschen. Erfindungen,
Kunst und Religion, München 1992.
REIFFERSCHILDT, Heinrich: Friedrich Lisch. Mecklen-
burgs Bahnbrecher deutscher Altertumskunde. In:
Mecklenburgische Jahrbücher, S. 261–267, Schwerin 1935.
SCHNEIDER, Max: Mesolithische Gräber in Brandenburg.
In: Prähistorische Zeitschrift, S. 16–31, Berlin 1926.
TEICHERT, Lothar / TEICHERT, Manfred: Zoologische
Untersuchung der mesolithischen Knochenhacke von
Kessin, Kr. Altentreptow. In: Ausgrabungen und Funde 17,
S. 174–176, Berlin 1972.
TEICHERT, Manfred / TEICHERT, Lothar: Tierknochen-
funde aus dem spätmesolithischen/ frühneolithischen
Rötelgrab bei Bad Dürrenberg, Kr. Merseburg. In: Schriften
zur Ur- und Frühgeschichte, S. 521–525, Berlin 1977.
TÖPFER, Volker: Die mesolithischen Geweihgeräte aus
dem Elbtal bei Glindenberg-Magdeburg. In: Jahresschrift für
mitteldeutsche Vorgeschichte, S. 15–28, Halle/Saale 1961.
TÖPFER Volker: Eine eigenartige mittelsteinzeitliche
Knochenspeerspitze aus Osterburg (Altmark). In:
Ausgrabungen und Funde 12, S. 4–7, Berlin 1967.
VLCEK, Emanuel: Die Mesolithiker aus Bottendorf, Kreis
Artern. In: Forschungen und Fortschritte, S. 17–19, Berlin
1967.

VLCEK, Emanuel: Die Anthropologie der mittelsteinzeitlichen Gräber von Bottendorf, Kreis Artern. In: Jahresschrift für mitteldeutsche Vorgeschichte, S. 53–64, Halle/Saale 1967.

VLCEK, Emanuel: Die Überreste des mesolithischen Kindes von Bottendorf, Kreis Artern. In: Jahresschrift für mitteldeutsche Vorgeschichte, S. 241–247, Halle/Saale 1969.

WEBER, Thomas: Ein mesolithisches Grab von Unseburg. Kr. Staßfurt. In: Jahresschrift für mitteldeutsche Vorgeschichte, S. 7–19, Halle Saale 1988.

WEBER, Thomas: Unseburg, K. Staßfurt (Bezirk Magdeburg). In: HERRMANN, Joachim (Herausgeber): Archäologie in der Deutschen Demokratischen Republik. Denkmale und Funde 2, Fundorte und Funde, S. 363, Stuttgart 1989.

WECHLER, Klaus-Peter: Steinzeitliche Rötelgräber von Schöpsdorf. Kr. Hoyerswerda. In: Veröffentlichungen des Museums für Ur- und Frühgeschichte Potsdam, S. 41–54, Berlin 1989.

WILLE, Gert / MÜLLER, Peter / WIDMER, Harry / ZIMMERMANN, Werner / RICHTER, Gernot / LEHMANN, Hans-Dieter / SCHMIDT, Mannfred: Hermann Apitz – der vergessene Altertumsforscher aus Grochwitz. Einblicke in ein Lehrer- und Forscherleben in Brandenburg, Sachsen-Anhalt, Thüringen und Hessen, Cottbus 2015.

Lagerleben mittelsteinzeitlicher Jäger, Fischer und Sammler.
Antiquierte Darstellung auf einer Lehrtafel für deutsche Schulen.
Künstler und Herstellungsjahr sind unbekannt.

Autor Ernst Probst.
Foto: Klaus Benz, Fotograf, Mainz-Laubenheim

Der Autor

Ernst Probst, geboren am 20. Januar 1946 in Neunburg vorm Wald im bayerischen Regierungsbezirk Oberpfalz, ist Journalist und Wissenschaftsautor. Er arbeitete von 1968 bis 1971 bei den „Nürnberger Nachrichten", von 1971 bis 1973 in der Zentralredaktion des „Ring Nordbayerischer Tageszeitungen" in Bayreuth und von 1973 bis 2001 bei der „Allgemeinen Zeitung", Mainz. In seiner Freizeit schrieb er Artikel für die „Frankfurter Allgemeine Zeitung", „Süddeutsche Zeitung", „Die Welt", „Frankfurter Rundschau", „Neue Zürcher Zeitung", „Tages-Anzeiger", Zürich, „Salzburger Nachrichten", „Die Zeit", „Rheinischer Merkur", „Deutsches Allgemeines Sonntagsblatt", „bild der wissenschaft", „kosmos", „Deutsche Presse-Agentur" (dpa), „Associated Press" (AP) und den „Deutschen Forschungsdienst" (df). Aus seiner Feder stammen die Bücher „Deutschland in der Urzeit" (1986), „Deutschland in der Steinzeit" (1991), „Rekorde der Urzeit" (1992), „Dinosaurier in Deutschland" (1993 zusammen mit Raymund Windolf) und „Deutschland in der Bronzezeit" (1996). Von 2001 bis 2006 betätigte sich Ernst Probst als Buchverleger sowie zeitweise als internationaler Fossilienhändler und Antiquitätenhändler. Insgesamt veröffentlichte er mehr als 300 Bücher, Taschenbücher, Broschüren und über 300 E-Books.

Rekonstruktion eines jungen Homo sapiens aus der Mittelsteinzeit.
Foto: Matteo De Stefano / Muse = Museo della Science, Trento /
CC BY-SA 3.0,
lizensiert unter Creative-Commons-Lizenz by-sa-3.0,
https://creativecommons.org/licenses/by-sa/3.0/legalcode

Bücher von Ernst Probst

(Auswahl)

Als Mainz im Meer lag
Als Mainz noch nicht am Rhein lag
Der Europäische Jaguar
Der Mosbacher Löwe. Die riesige Raubkatze aus Wiesbaden
Der Rhein-Elefant. Das Schreckenstier von Eppelsheim
Der Ur-Rhein. Rheinhessen vor zehn Millionen Jahren
Deutschland im Eiszeitalter
Deutschland in der Frühbronzezeit
Deutschland in der Mittelbronzezeit
Deutschland in der Spätbronzezeit
Die Aunjetitzer Kultur in Deutschland
Die Straubinger Kultur in Deutschland
Die Singener Gruppe
Die Arbon-Kultur in Deutschland
Die Ries-Gruppe und die Neckar-Gruppe
Die Adlerberg-Kultur
Der Sögel-Wohlde-Kreis
Die nordische Bronzezeit in Deutschland
Die Hügelgräber-Kultur in Deutschland
Die ältere Bronzezeit in Nordrhein-Westfalen
Die Bronzezeit in der Lüneburger Heide
Die Stader Gruppe
Die Oldenburg-emsländische Gruppe
Die Urnenfelder-Kultur in Deutschland
Die ältere Niederrheinische Grabhügel-Kultur
Die Unstrut-Gruppe
Die Helmsdorfer Gruppe

Die Saalemündungs-Gruppe
Die Lausitzer Kultur in Deutschland
Die Dolchzahnkatze Megantereon
Die Dolchzahnkatze Smilodon
Die Säbelzahnkatze Homotherium
Die Säbelzahnkatze Machairodus
Die Schweiz in der Frühbronzezeit
Die Rhône-Kultur in der Westschweiz
Die Arbon-Kultur in der Schweiz
Die Schweiz in der Mittelbronzezeit
Die Schweiz in der Spätbronzezeit
Dinosaurier von A bis K. Von Abelisaurus bis zu
Kritosaurus
Dinosaurier von L bis Z. Von Labocania bis zu Zupaysaurus
Der rätselhafte Spinosaurus. Leben und Werk des Forschers
Ernst Stromer von Reichenbach
Eiszeitliche Geparde in Deutschland
Eiszeitliche Leoparden in Deutschland
Höhlenlöwen. Raubkatzen im Eiszeitalter
Hermann von Meyer. Der große Naturforscher aus
Frankfurt am Main
Johann Jakob Kaup. Der große Naturforscher aus
Darmstadt
Krallentiere am Ur-Rhein
Neues vom Ur-Rhein. Interview mit dem Geologen und
Paläontologen Dr. Jens Sommer
Österreich in der Frühbronzezeit
Österreich in der Mittelbronzezeit
Österreich in der Spätbronzezeit
Raub-Dinosaurier von A bis Z. Mit Zeichnungen von
Dmitry Bogdanav und Nobu Tamura

Rekorde der Urmenschen. Erfindungen, Kunst und Religion
Rekorde der Urzeit. Landschaften, Pflanzen und Tiere
Säbelzahnkatzen. Von Machairodus bis zu Smilodon
Säbelzahntiger am Ur-Rhein. Machairodus und
Paramachairodus
Was ist ein Menhir? Interview mit dem Mainzer
Archäologen Dr. Detert Zylmann
Wer ist der kleinste Dinosaurier? Interviews mit dem
Wissenschaftsautor Ernst Probst
Wer war der Stammvater der Insekten? Interview mit dem
Stuttgarter Biologen und Paläontologen Dr. Günther Bechly
Kastel in der Vorzeit. Von der Jungsteinzeit bis Christi
Geburt
Kostheim in der Vorzeit. Von der Jungsteinzeit bis Christi
Geburt
Wiesbaden in der Steinzeit
Anno 1.000.000. Deutschland in der älteren Altsteinzeit
Das Protoacheuléen. Eine Kulturstufe der Altsteinzeit vor etwa
1,2 Millionen bis 600.000 Jahren
Das Altacheuléen. Eine Kulturstufe der Altsteinzeit vor etwa
600.000 bis 350.000 Jahren
Das Jungacheuléen. Eine Kulturstufe der Altsteinzeit vor etwa
350.000 bis 150.000 Jahren
Das Spätacheuléen. Eine Kulturstufe der Altsteinzeit vor etwa
150.000 bis 100.000 Jahren
Die Lanze von Lehringen. Der Jahrhundertfund aus der
Altsteinzeit
Das Moustérien. – Die große Zeit der Neanderthaler
Das Aurignacien. Eine Kulturstufe der Altsteinzeit vor etwa
40.000 bis 31.000 Jahren
Das Gravettien. Eine Kulturstufe der Altsteinzeit vor etwa
35.000 bis 24.000 Jahren

Die Ertebölle-Ellerbek-Kultur. Eine Kultur der Jungsteinzeit
vor etwa 5.000 bis 4.300 v. Chr.

Die Stichbandkeramik. Eine Kultur der Jungsteinzeit vor
etwa 4.900 bis 4.500 v. Chr.

Die Oberlauterbacher Gruppe. Eine Kulturstufe der
Jungsteinzeit vor etwa 4.900 bis 4.500 v. Chr.

Die Hinkelstein-Gruppe. Eine Kulturstufe der Jungsteinzeit
vor etwa 4.900 bis 4.800 v. Chr.

Die Rössener Kultur. Eine Kultur der Jungsteinzeit vor etwa
4.600 bis 4.300 v. Chr.

Die Kupferzeit. Wie die ersten Metalle in Mitteleuropa
bekannt wurden

Die Michelsberger Kultur. Eine Kultur der Jungsteinzeit vor
etwa 4.300 bis 3.500 v. Chr.

Das Rätsel der Großsteingräber. Die nordwestdeutsche
Trichterbecher-Kultur vor etwa 4.300 bis 3.000 v. Chr.

Die Baalberger Kultur. Eine Kultur der Jungsteinzeit vor
etwa 4.300 bis 3.700 v. Chr.

Pfahlbauten in Süddeutschland. Dörfer der Jungsteinzeit und
Bronzezeit an Seen, Mooren und Flüssen

Die Altheimer Kultur / Die Pollinger Gruppe. Zwei
Kulturen der Jungsteinzeit vor etwa 3.900 bis 3.500 v. Chr.

Die Salzmünder Kultur. Eine Kultur der Jungsteinzeit vor
etwa 3.700 bis 3.200 v. Chr.

Die Chamer Gruppe. Eine Kulturstufe der Jungsteinzeit vor
etwa 3.500 bis 2.800 v. Chr.

Die Wartberg-Kultur. Eine Kultur der Jungsteinzeit vor etwa
3.500 bis 2.800 v. Chr.

Die Walternienburg-Bernburger Kultur. Eine Kultur der
Jungsteinzeit vor etwa 3.200 bis 2.800 v. Chr.

Die Kugelamphoren-Kultur. Eine Kultur der Jungsteinzeit
vor etwa 3.100 bis 2.700 v. Chr.

Die Schnurkeramischen Kulturen. Kulturen der Jungsteinzeit von etwa 2.800 bis 2.400 v. Chr.
Die Einzelgrab-Kultur. Eine Kultur der Jungsteinzeit vor etwa 2.800 bis 2.300 v. Chr.
Die Schönfelder Kultur. Eine Kultur der Jungsteinzeit vor etwa 2.800 bis 2.200 v. Chr.
Die Glockenbecher-Kultur. Eine Kultur der Jungsteinzeit vor etwa 2.500 bis 2.200 v. Chr.
Die ersten Bauern in Österreich. Die Linienbandkeramische Kultur vor etwa 5.500 bis 4.900 v. Chr.
Die Lengyel-Kultur in Österreich. Eine Kultur der Jungsteinzeit vor etwa 4.900 bis 4.400 v. Chr.
Die Mondsee-Gruppe. Eine Kulturstufe der Jungsteinzeit vor etwa 3.700 bis 2.900 v. Chr.
Die Badener Kultur in Österreich. Eine Kultur der Jungsteinzeit vor etwa 3.600 bis 2.900 v. Chr.
Die ersten Pfahlbauten in der Schweiz. Die Anfänge der Pfahlbauforschung und die Egolzwiler Kultur
Die Cortaillod-Kultur. Eine Kultur der Jungsteinzeit vor etwa 4.000 bis 3.500 v. Chr.
Die Pfyner Kultur in der Schweiz. Eine Kultur der Jungsteinzeit vor etwa 4.000 bis 3.500 v. Chr.
Die Horgener Kultur in der Schweiz. Eine Kultur der Jungsteinzeit vor etwa 3.500 bis 2.800 v. Chr.
Die Schnurkeramiker in der Schweiz. Eine Kultur der Jungsteinzeit vor etwa 2.800 bis 2.400 v. Chr.